직장인에서 직업인으로

離職說明書

擺脫萬年社畜心態，培養專業工作者的十項核心力，
隨時離職都不怕！

金湖（김호）——著　馮燕珠——譯

獻給從朋友開始，後來成為我的另一半，
在我轉換人生跑道的過程中（雖然未曾提供任何解決方法），
總是傾聽我的苦惱的恩鈴

作者序

給每天辛苦工作、卻不知道未來在哪裡的你

「有很多人對自己感到有意義的事或想做的事，會樹立目標，堅定地朝著目標邁進，然而隨著時間過去，夢想會消失，有人就這樣放棄。我們根據錯誤的判斷找工作，然後安於現狀，並開始慢慢接受，期待做自己喜歡的事度過人生，這是個不實際的想法。」

——克雷頓．克里斯汀生（Clayton Christensen）、詹姆斯．歐沃森（James Allworth）、凱倫．狄倫（Karen Dillon）

現今上班族的「有效期限」還剩多少？

不久前在一次演講後，與一名七十多歲的男性相談，他工作了五十年才退休，而且從頭到尾都在同一家公司，真是令人訝異。但是時至今日，上班族的有效期限恐怕只剩一半，舉例來說韓國上班族離開職場的平均年齡為四十九歲[1]，而需要再繼續工作（任何人在五十歲之後都還是需要收入）、還想繼續工作時（你曾見過四十至五十歲不想工作而辭職的人嗎），環境卻已經改變了。

雖然人類的平均壽命增加，但是上班族的職場壽命、上班族的「有效期限」卻急速縮短。現在的你還認為職場的成功就代表人生成功嗎？希望你能盡快拋開這種想法，現在應該以「我的人生」為中心反過來思考如何活用職場。

正在看這本書的你是「上班族」？還是「專業者」？如果認為所謂的上班族就是專業者，如果認為所謂的「職場」就只是單純上班的地方，那麼我希望你可以重新好好地想一想。職場（place of work）是別人打造好的地方；專業（profession）則是存在於你的身體和腦中的個人技能，是可以幫助他人而換取金錢（可賺取酬勞）的技術。現在你不應該只是把自己當成「上班族」，而應該以「專業者」來看待，人生才會成功。

雖然在職場打拼了二十年，但專業並不會自然而然產生，在詞典中，職場的定義是「人們固定職業工作的地方」，但從現實層面來看，很多人雖然到職場上班，卻無法塑造屬於自己的「專業」。這就像你雖然擁有很多本「存摺」（工作經驗），但並不代表有很多「現金」（專業），這個道理是相同的，因此在職場工作的同時，你應該要打造自己的專業。

職場並不是為了讓你繼續上班而存在，而是為了出走而存在的地方，當然不是叫你現在就走，只是這個時間可能會比預料中更快逼近。我們與職場之間是契約關係，職場給你長期固定的薪資，你給職場你的時間和勞動力，但很少人會認為，在職場賺取的錢足以讓自己在退休之後過充分舒適的生活。

想要在職場工作得久一點，二十歲出頭就要進入，到四十歲後半或五十歲初才離開。要工作三十年？實在很辛苦。因此我們在工作期間不要只專注在職場中，而是要打造自己內在的個人技能，也就是專業。但是打造專業並非就是對分內的工作放鬆輕忽，相反地，在工作之餘能夠創造自己專業的人，在職場上更有魅力，擁有專業的話就可以保障你的人生。不管是從職場工作延伸打造專業，或是在有固定收入穩定生活之餘開創其他技能，這都會因各人的生活而異。

既然如此，應該怎麼做才能從上班族轉換為專業者呢？在上班期間，要充分利用工作機會進行準備，不是做越多工作越好，而是要思考上班的目標和態度，調整時間和能量的分配，就像以往拿到薪資卻從未儲蓄，現在該下定決心，依照自己的情況開始儲存。越接近退休，要轉換就更不容易，因為自己並沒有留下任何專業。

你想知道在工作期間如何打造自己的專業嗎？這本書就是為了想讓自己成為專業者的上班族而寫的，因為在工作期間準備專業能力，比準備退休金重要多了，這在本書都會集中討論。這本書也可以說是身為前輩的我，想給目前正在職場中的上班族們的忠告，在書中可以看到經過十多年職場生活後出走，現在轉換成為專業人士的例子，可以看看他們曾經遭遇過的苦惱。這本書不只是我的經驗，也包含了國內外許多觀察職場上班族的相關資料分析報告。

這本書大致分成二部分：第一部以「從上班族成為專業者」的變化為主，介紹上班族與專業者的差異（第一章），轉換成專業者必須具備的五項條件。還有屬於自己的時間（第二章）、過去（第三章）、欲望（第四章）、未來，尤其是最後的藍圖（第五章）、可以銷售的東西（第六章）等的重要性及活用的方式。

第二部是「給專業人才的職場使用說明書」，從專業者的視角來看職場生活，介紹在職場內工作的同時，可以為成為專業者做什麼準備、應該做些什麼。為了成為專業人才，應該得到什麼樣的評價（第八章）、在組織中要如何守護自己（第九章），最後是何時、如何離開職場以成功轉換跑道。

寫這本書的同時，我想像著與各位面對面坐下來對話。初稿完成後，我發出聲音唸著書稿內容，就像實際面對讀者一樣，除了書上寫的內容之外，總是不時會想到想補充的話，所以才會在句子後又加上括弧說明。這好比在與各位結束談話後，回到家仍想著「下次見面前可以參考這個」，把參考內容用「Side Note」的方式呈現。在看這本書時，可以想像與我進行多次的諮詢對話，並互相傳送電子郵件討論一樣。

從上班族轉變[2]成為專業者，就是做自己人生的主人，坦誠地尋找內在的欲望。從組織所交付的熟悉工作和角色中擺脫，不再依賴組織，尋找屬於我的個性和才能、專長與欲望的過程。每個人的狀況都不同，有獨自生活的人、與別人共同生活的人、為了家庭必須花費大部分收入和時間的人，也有在職場中其實對現況感到滿足的人。

從上班族到專業者轉換的過程也一樣，找出適合自己的道路是很重要的，這也就是為什麼要在本書中介紹那麼多案例及意見的理由。這些案例讀者們不需要全都認同，只要參考對你有幫助的部分即可，得到可以改善自己狀況時需要的點子就好。不過就算每個人狀況不同，我依然整理了從上班族轉換成專業人士必須具備的十項核心主題進行討論，希望大家在閱讀這本書的過程中，能夠思考如何在我的人生以自己的方式實現這些必須要素。

以專業者的型態在職場生活中更能找到意義，或許有一天會對自己說：「原來你都是有計畫的啊！」（二〇二〇年第九十二屆奧斯卡金像獎四冠王得獎作品《寄生上流》中，男主角宋康昊對兒子說的一句話），打從心裡為自己感到高興[3]。現在該是上班族改變的時候了，至於如何改變，現在就讓我們一起來討論吧！

木作工坊旁的書桌　金湖

Contents

作者序：給每天辛苦工作、卻不知道未來在哪裡的你 004

第一部　從上班族到專業者

第一章　我是上班族，還是專業者？ 016

下班後的學習，滿足自我的欲望 020

將興趣結合工作 021

現在的你過得好嗎？怎麼樣才算過得好？ 022

別把職場升遷，誤以為是你的人生目標 025

如何延長自己的有效期限 028

每天忙到連思考人生的時間都沒有了？ 031

Side Note 1　保健因素和激勵因素 027

Side Note 2　離職後又回鍋的職員年薪，為何比起年資更久的我還高？ 034

Thinking 1　設立目標，你想成為哪個領域的專業者？ 036

第二章　為了成長，投資自我　041
如何安排與自己的約會？　047
把時間花在投資自己的專業上　050
煩惱的時候，不妨找傾聽者諮詢　054
Side Note 3　專屬於我的研習營　052
Thinking 2　開始思考，如何安排一個人的時間吧！　058

第三章　夢想未來之前，先回顧過去　060
回顧過去，規劃未來並開始行動　062
你有好好了解過自己嗎？　067
該如何做自我回顧記錄？　074
Side Note 4　專業診斷工具　072
Side Note 5　《我》這本小說的主角——丁袖井作家的疑問　079
Thinking 3　回想在職場中遭遇困難，但仍能享受過程、維持高能量工作，得到滿意結果的十個案例　082

第四章　如何找出自己真正想要的東西　085
追隨別人的欲望，卻不知道自己要什麼？　092
喜歡的事可以當作職業嗎？　094
放棄高薪工作，在舞蹈治療裡找到專業　095
在繪本領域裡，創造屬於自己的專業　097
我有那種才能嗎？找出自己潛在能力　100
Side Note 6　「能成功最好，不行也沒關係」所帶來的機會　091
Thinking 4　我真的是為了自己的欲望而做，而不是為了別人嗎？　103

第五章　在職場的盡頭發現專業　107
我會以什麼樣的面貌離開公司？　112
設定好未來的目標，做好達標計劃　114
製作自己的未來履歷　116
從六大面向，釐清自己想做的事　119
Side Note 7　預先做好退休的準備　117
Thinking 5　我想怎樣結束職場生活　123

第六章 不靠公司，用自己的名字能賺得到錢嗎？ 126

寫出打造個人品牌的「6E」履歷 134
是否該離職靠專業賺錢呢？ 142
Side Note 8 要在乎別人的想法，還是在意自己？ 133
Side Note 9 SUMGO、KMONG、KEEPER 測試 141
Side Note 10 用六個單詞創造自己的「皮克斯簡報」 147
Thinking 6 我有什麼個人技能或專業，能不依靠公司賺到錢？ 149

第二部分 寫給專業者的職場使用說明書

第七章 念研究所不如自我學習，獲得認證不如自我成長 154

與其抱著競爭心態，不如爭取成就 159
該繼續進修嗎？先列清單釐清目的 161
保持初心？不守初心才是對的 164
別只找免費的，收費課程更有收獲 169
不要倚老賣老，該向年輕後輩學習 173
今天被拒絕多少次？學習被拒絕的勇氣 177
找到潛力還不夠，最重要的是持續實際行動 182
Side Note 11 繪製專屬個人的地圖 166
Side Note12 「Class 101」測試 172
Side Note1 3 不要成為 YES MAN 176
Side Note 14 左右職業未來的「小」習慣 180
Side Note 15 村上春樹的建議 185
Thinking 7 學習如何使專業成長，而不是為了戰勝競爭對手 188

第八章　做好成為領導人的準備　189

別人眼中的我，才是真正的我　194
有目標方向，才有想改變的動機　198
什麼樣的領導者會被記住？　201
給予建議時，請以「前饋」代替「回饋」　204
減少會議，增加與職員的對話　207
以謙遜的態度傾聽並提問　209
溝通關鍵是先學好提問技巧　211
不要頻繁開會，只會浪費時間　216
領導者思維：以性平觀點，理解並實踐女權主義　219
不要隱瞞脆弱，要有能分享心情的朋友　222
學會好好道歉的方法　225
禮物會連接幸福感，送禮技術很重要　228
從「弱連結」關係建立人際網絡　233
Side Note 16　盲區與左側鋒　197
Side Note 17　「三百六十度評量」學到的東西　200
Side Note 18　馬克．祖克柏每天都穿灰色T恤的原因　214
Side Note 19　向政治顧問學習的職場生活　231
Thinking 8　與我共事的人，會覺得我是怎麼樣的領導者？　236

第九章　從組織中守護自己的方法　239

職場上遇到不合理，要學會「不聽話」　243
改變情緒化上司，你的態度是關鍵　247
思考你想守護的價值，拒絕不正當的要求　250
女性的職場困境：結婚與育兒　253
結婚後不需要成為好媳婦、好女婿　258
Side Note 20　自己住VS一起住　262
Thinking 9　創造專業，對我來說的困難在哪裡？　264

第十章　這樣繼續下去好嗎？　266

如何在工作與生活取得平衡？　270
學習說「不」的勇氣　276

休息是讓自己思考，真正想要的是什麼 280
離職，面對自己的時間 284
離職的時機點？從高峰時離開 287
在工作和專業之間換乘 290
離開公司也有辦法活下去 295
不要相信多數的選擇，要信任自己的選擇 297
我人生特別的時刻就是今天 302
Side Note 21 書唸不好就學個一技之長吧？ 282
Side Note 22 四十歲，在職場準備未來最後十年 292
Side Note 23 從科技公司職員到木匠 300
Thinking 10 休息或離開，我擁有主導權嗎？ 305

後記 308
給讀者的最後一封指導信 315
上班族轉換為專業者的十個問題 317
附錄：離開職場之後的我 318
參考資料 328

第一部

從上班族到專業者

第一章

我是上班族？還是專業者？

成為專業者才能延長「有效期限」

「老闆聽到可能會很失望，但老實說公司並不是我們的，我們只要拿多少錢、做多少事就行。如果要我們再多做一點，久而久之就會感到倦怠、失望，接下來就是把辭呈放在口袋裡了。所以只要拿多少錢做多少事就好，下班後擁有自由自在的生活，上班族就是這樣啊。」

——金宥美

《*Channel Yes*》訪問

Question 1

在每一章的開頭與結尾，都有虛擬人物寶藍和阿湖的對話。寶藍是三十五歲的上班族，在國內的大企業擔任公關部門課長，大學畢業後，先進入廣告公司工作，因為想體驗在一般企業的工作所以轉職。阿湖是寶藍的朋友，也是生活上像教練一樣擔任諮詢顧問的角色，本書利用他們兩人的對話，針對每章提出的問題尋找答案，希望各位讀者也可以站在寶藍的立場與阿湖老師（人們常這樣稱呼我）一起對話。

藍 阿湖，好久不見了！

湖 寶藍，好久不見！

藍 你說要在炸物店見面，我還想說是不是什麼小吃店，結果沒想到這裡這麼高級，好像日式料理餐廳。

湖 沒錯。今天是與寶藍的第一次對話，所以我請客。其實今天要談的內容與炸物店也有關，這裡的廚師原本在高級飯店的日式餐廳工作，幾年前開了這間炸物專門店。這裡只有不到十個內用座位，所以必須先訂位才行。

藍 我第一次聽說炸物店需要訂位。

湖 這裡的餐點只有二種選擇，要不要點特餐呢？（並排坐在吧台點餐）

從這一章開始，每次會以一個問題為中心進行簡短討論，希望可以給像妳這樣的上班族一些幫助，在第一章我想丟出的問題是這個：

與上班族不同的「專業者」是什麼？

湖 我知道寶藍是大企業公關宣傳部門的課長，工作能力非常優秀，這是身為上班族的寶藍。不過如果今天妳是專業者，妳會如何定義自己呢？

藍 也許就像阿湖是專業的諮詢顧問一樣吧，那麼我就是專業的「公關人」囉？

湖 從自己現在的工作出發是很好的開始，然而寶藍所說的「公關人」，目前並不是這本書裡所說的專業者，而比較像是一種狀態。至於為什麼會這樣，就先看完第一章之後再來討論吧。

「我想要什麼？」對這個問題有明確的答案嗎？這是本書很重要的出發點，與其了解周遭的人對我有什麼期待，先知道自己想要什麼才是最重要的，這是我們必須發掘的重要訊息。

那麼該如何尋找答案呢？首先必須拉開距離來觀察自己，這樣才能發現自己想要什麼。若處於上班族這個框架中，答案並不會出現，雖然在目前身處的職場中，或許有想去的單位或想做的職務，但身處其中很難綜觀全貌，因為**職場並不是你人生的全部，也不能代表你的世界**。

對於上班族來說，職場占據了人生從二十歲至四十歲的大部分時間。多數上班族漫無目標，在忙碌行程和繁重工作的職場中「努力地」工作，疲憊不堪的度過（在這裡特別強調「努力地」，是因為很多時候其實並沒有想像中那麼積極）。在消化那些行程、完成業務後，就可以得到上司的稱讚、拿到獎金，這時上班族才會感覺自己的存在。

大部分醒著的時間都在職場中度過的人，很容易誤以為升職和加薪就是人生中最想要的東西，當某個瞬間，職場從自己的人生中消失時，就會感受到空虛，不明白自己到底是為了什麼而努力，同時也發現已經離不開職場。如果不想變成那樣，現在就必須轉換想法，**不應該把在職場的成功當作人生目標，應該反過來思考，為了人生的成功，我該如何活用職場。**

下班後的學習，滿足自我的慾望

讓我們先來聽聽金宥美的故事，她十年來每天都搭乘首爾地鐵九號線上下班，為了擺脫讓人乏力又鬱悶的職場生活，她做了很多嘗試。她先問自己有什麼一直想做，卻總是有藉口而沒做的事，於是想起了其實一直都想學習繪畫，當欲望明確之後，很快地就有了決策和行動。

如果在職場中無法滿足自己的欲望，那麼除了適當的薪資，能擁有多少屬於自己的時間，這一點對上班族就很重要。為了學畫畫，準時下班就是金宥美的必要條件，即使要換工作這也成為最重要的考量。晚上七點她都準時到畫室學畫，如此持續了五年，畫了大約六百多張畫。後來她成為韓國專業美術家協會的一員，還被邀請參加協會的女性畫家作品展，之後她也整理自己的經驗，寫書出版並且進行演講。對她來說，工作成為滿足自己美術欲望需求的一種賺錢手段，這就是將自己的生活放在中心，活用工作很好的例子。

將興趣結合工作

接下來聽聽金道燁的故事。金道燁現年三十歲，經營一家咖啡店。他在二十歲時偶然到咖啡店打工，開始對咖啡產生興趣。後來雖然也做過其他工作，但仍覺得與咖啡相關的工作是最有趣的。他認為就算會失敗也要趁早嘗試，因此在二十五歲開了一間咖啡店，直到現在。

那就是或許形態不同，但是他一直從事與咖啡相關的工作。我在造訪他的咖啡店時，正好剛從西雅圖和波特蘭旅行回來，那時在旅行中已被各種香醇咖啡滿足了我的味蕾，對咖啡的鑑賞力可說是最高峰的時候。但在那簡約的咖啡店中，他用時間和真誠注入的咖啡，仍超出我期待的好喝。他最近開始自己烘豆，在發展特色風味的同時，也鑽研甜點和輕食。我第二次去拜訪時他正在開發湯品，第三次去則是品嚐到新口味的飲品，反應都很好。

金宥美畫家的例子告訴我們，上班族在現實中做的工作與自己真正想做的事不同時，仍可以大膽嘗試；金道燁的例子則告訴我們，在二十歲出頭就明確知道自己在職業上的方向，一路走來做任何決定始終不脫離自己的意志，到三十歲出頭時就已經在自己的專業領域累積超過十年的經歷了。

有很多人工作了一段時間之後就會逐漸感到不安和痛苦，追根究柢，大部分都是不了解自己在職業上欲望或沒有機會思考。欲望明確，生活和工作才會有確切的目標；目標確切，才能做出適合的意志決策。

現在的你過得好嗎？怎麼樣算過得好？

有人問我，「怎樣才算是過得好呢？」這個答案每個人都不同，因為各自人生的夢想、經歷過的遭遇都不一樣。職場生活也是，如果問：「這樣的職場生活是好的嗎？」答案同樣也因人而異。

我們經常把戰略（手段）和目標（目的）混淆，在職場中**升職、加薪應該都屬於手**

段而非目標。為了加薪獲得的金錢，應該是為了買想看的書或得到經驗、為了能與家人一起去旅行、給孩子更好教育的機會，有時甚至是用來節省時間的手段。金錢必須要與上述目標連結才有意義，而目標雖然會隨著人生的支點（例如年齡）或狀況（例如在生活中突然遇到的機會或危機）而改變，但是如果沒有屬於自己的目標，只是為了升職或加薪而努力工作，最後得到的只是空虛而已。請你先仔細想想，賺錢、升職是為了實現人生中的什麼呢？

不管是個人生活或職場生活都好，重要的是必須知道你自己想要什麼、想去的方向，我把它稱為生活或職業的欲望。當然也許在前往想去的目標途中，會出現意料之外的機會，而導致往另一個方向走，但是在改變方向的時候，也不能將那個機會帶來的金錢和職位，當作是自己目標的全部，不管中途發生什麼改變，都要記得自己的人生欲望（目標）。

如果對「在人生中我希望的東西是什麼？」沒有答案的話，「生活是否過得好？」或「職場生活是否過得好？」恐怕也很難回答。底下以我為例，我人生中的八個欲望（目標）如下。

我人生中的八個欲望（目標）

教練和顧問 Coach and Consultant	在領導力與組織文化、影響力與危機處理的領域中，對組織的決策者進行指導和諮詢（指導方面大於諮詢）。
設計師和促進者 Designer and Facilitator	為專業人士設計、舉辦研討會，幫助客戶可以進行更好地交流、聯繫和相互學習。
讀者與思想家 Reader and Thinker 作者和翻譯者 Author and Translator	在有生之年，選擇符合我標準的書進行閱讀、思考、用文字表達。將我的觀察和想法轉換成文字，把在其他國家用英語寫好的想法，翻譯成母語。
幫手 Helper	成為活用職業技能和經驗，對社會有幫助的人。
製作人 Producer	成為策劃和製作內容的人。
獨立研究者 Independent Researcher	雖不屬於學校或研究室，但能獨立地研究我所感興趣的主題，甚至予以出版。
製造者與玩家 Maker and Player	可以用木頭進行創作、進而表現自己，製造出具有意義並實用的東西（木匠），或成為演奏樂器（鋼琴）的人。
旅行者與品嚐者 Traveler and Taster	到人們未曾去過或雖然去過但還想去的地方，品嚐當地美食。

舉例來說，在職業方面我的目標是成為「對想要提升溝通力的個人或組織，給予最大幫助的專家」。因此在開始工作前，我會判斷客戶的目標是否與我一致，如果那並非是客戶想要的，或是會過於勉強，那我會乾脆放棄那項工作。

人生在世，我想要的是成為「有閒人（不是 time poor 而是 time rich）」，也就是我可以相對比較自由的利用時間，滿足我人生的八大欲望[4]。這也是我創業後，在一人公司工作長達十多年的原因，雖然也許在一般公司組織內能多賺一點錢，但卻也失去了能自由運用時間的權利。

別把職場升遷，誤以為是你的人生目標

對於人生或工作的欲望因人而異，在這裡我想強調的是，你是不是把「職場升遷」之類的手段，誤以為是自己的人生目標？其實通常晉升成為管理階層的人，一旦離開公司，就再也沒有目標，因為升遷只是一種手段。你可以觀察一下在目前工作單位裡，晉升為管理人員的人平均工作幾年。

所謂的人生目標，應該是不管是否在職都可以持續追求的事，專業不只存在於職場期間，離開職場之後仍舊可以擴張。從另一方面來說，目標可能是永遠無法達成，或總是處於未完成的狀態，類似像「要成為比昨天更好的顧問或木匠」、「為了在〇〇領域中更專業而持續努力」這樣的目標。

海蒂・格蘭特・海佛森（Heidi Grant Halvorson）博士認為，比起**成果目標**（成為公司的業務主管、行銷主管），我們更應該具備**向上目標**（學習更好的業務、行銷方法）[5]。成果目標通常與為了炫耀的欲望連結在一起，會帶來相當大的壓力。相反地，向上目標就是即使工作不順利，也能從過程中學習、享受，對壓力可以更柔軟地做出反應（這個部分可以參考第七章關於競爭和成就的差異）。

很久前我曾聽過哲學家金容沃（筆名檮杌）的演講，有一句話讓我印象深刻，「目標就是看（目）著靶心（標的）」。許多人的目標是著眼於「靶心」本身，例如大企業的主管職、豪宅、高級進口車等，但是**真正的目標不應該只是靶心這一點，而是注視著靶心的行為**。我在二十多歲時聽到這句話即深印在腦海中，對我日後的人生產生很大的影響。

Side Note 1 保健因素VS激勵因素

以「破壞性創新」理論著稱的全球知名管理大師克雷頓．克里斯汀生（Clayton M. Christensen），曾引用心理學家弗雷德里克．赫茨伯格（Frederick Herzberg）的動機理論，來分析對於工作的滿足、不滿足標準，這就是著名的雙因素理論——保健因素、激勵因素[6]。

所謂的**保健因素**，就是對於工作中**不滿**的因素，包含了地位、報酬、僱用穩定或職務條件等，這些如果無法滿足，我們就會感到不滿意，但就算滿足了也不代表能達到滿意或產生動機。我們需要努力滿足這些條件，但滿足這些條件後，在創造生活滿意度方面仍有侷限。

所謂的**激勵因素**，就是對於工作中**滿意**的因素，包含在工作中尋找意義，承擔挑戰性課題、在工作過程中成長為專家並得到認可等。公司內部管理高層的報酬和職位（保健因素）雖然比你高，但在激勵因素卻可能比你低，因此這個理論給我們帶來重要的啟示，如果你只把錢或職位等保健因素放在首位，那麼在職場生活中，人生可能會失去意義和滿足。

如何延長自己的「有效期限」？

工作久了難免會有這樣的想法：「身為上班族的壽命會有多久呢？」關於這個疑問，已經有可以參考的答案了。以韓國的上班族來說，離開職場的平均年齡是四十九歲[7]（不管是否為自發性辭職）。如果正在看這本書的讀者是超過四十九歲的現職上班族，那就是比大部分韓國上班族幸運的人。

現在我們把上面的問題內容稍微改一下，「身為專業者的壽命有多久？」上班族與專業者是完全不同的概念，就像前面舉例，存摺本的數量和存摺裡的現金多寡是不能相提並論的。如同現金的數目比存摺數量更重要，透過經驗和歷練創造出來的個人專業，當然比創造職場年資更重要。

底下舉個簡單的例子，說明上班族、專業者的差異。根據職場生活的目標，A與B這兩個上班族各有不同的決定。A的目標是在公司成為主管並得到高年薪，而在同公司的B則希望在自己負責的行銷領域，持續成長為更好的專業人士，不同的決策影響著兩人朝不同方向發展。

A在企業內部集中精力戰勝自己的競爭者，若是在競爭中落後，A會尋找能夠將自己提升為主管的其他企業；而B則是期許自己比去年更優秀，雖然在這個過程中也有競爭者，但輸贏對B不是最重要的，也許遞出名片時不一定是眾所皆知的企業，但只要是能豐富自己的行銷專業，他就會去尋找新的機會冒險。

對A來說，除非是成為主管的必備條件，否則他對於教育與學習沒有太大的興趣；而B則是積極參與能夠讓自己的專業能力成長的教育機會，願意花時間，甚至不惜自費來投資自己。A的目標只能說是短期目標，因為人可以工作的時間並不長；但B的目標是就算離開組織，也能長期持續發展。

誰都希望能賺得更多錢（應該很少人不這麼希望），但如果只是將「收入」定義為公司給的年薪，只期待升職和加薪，而不去創造自己的專業，一心只想做「管理者」而非「專業者」，那麼一旦離開組織，收入就會急劇下降。經營學家趙東成教授推論，在新冠疫情之後，在家工作和網路業務成為常態，執行者和最終決策者的距離會拉近，那麼在橫向組織結構中，中階管理者將會逐漸「沒落」[8]。

但是如果將「收入」定義成不只是從組織中獲得的薪資，而是離開組織也能維持生計的個人技術或價值，我們工作的目的或態度就會發生變化。**與其把自己的「身價」換算成薪資，不如把它轉換為離開組織後仍可謀生的技術，這樣才能有效增加職業的「有效期限」**。上班族在穩定領取薪資期間，也要創造屬於自己的專業，這樣即使離開工作崗位，也可以用自己的專業在其他場域發展，或是開展自己的事業，維持自我價值。

二〇一四年我在某報上曾投稿過一篇「到公司上班不會產生專業」的文章[9]。核心就是鼓勵上班族在職場生活中要創造屬於自己的專業，只有這樣才能在自己的意願之下持續職場生活，即使離開公司，也能維持屬於自己的價值（簡單來說就是賺錢的能力）。想要創造專業，不只是考慮未來會不會有前途，首先應該先了解自己的職業欲望，再去考量你所掌握的技術如何換取實際的價值。這本書就是為了一邊工作，一邊發掘並創造自己職業欲望的上班族而寫。換句話說，是一本給希望轉換成專業者的上班族的書，內容結合了「尋找欲望指南」和「職場使用說明」。

每天忙到連思考人生的時間都沒有了？

「為了新產品問市，連週末也要工作。那天也是在公司加班到凌晨，回到家站在陽臺看著太陽升起時，突然想：『晚上加班、連週末也不能休息，每天忙碌的工作，我到底有沒有花過時間，好好思考自己的人生呢？』」，一位在跨國大企業上班的管理人員曾這樣對我說過。

企業為了推出新產品或進行重大專案時，往往會投入大量資源進行調查、腦力激盪和討論，擬定計畫並實行，付出相當的努力。這種情況下有明確的目標，有衡量成功的標準，有實現目標的堅定戰略，但即使做出相當的努力，結果也是遊走在成功和失敗之間。我們的生活也一樣，不會一直都是成功的。

可是我們在組織中對自己負責的產品或專案，會製定各種流程並投入大量資源執行，為什麼對自己的生活或職涯卻不那樣做呢？為了推出新產品，我們會寫數十頁的企劃書，但為什麼對自己的生活或職涯，卻連規劃的構想都沒有呢？因為產品與人不一樣嗎？其實我們的職涯就像產品一樣，也會受到市場評價。要創造職涯，必須有明確的目的與適合自己的戰略；為了實施戰略，必須不斷進行各種實驗，才能找出屬於自己的道路。我們人生和職涯的企劃書，不就是生平最重要的一份企劃書嗎？我是這樣想的，那應該是需要用一生磨練和改善的重要企劃書。

企業非常清楚如何活用上班族，他們會集中活用工作效能最好的三、四十歲族群，等員工的年紀到了會造成負擔的五十歲，就用各種方法把人送走（如果身邊有人真的是「光榮退休」的話請告訴我）。二〇一九年，韓國四十、五十世代壯年層的非自願退休者達到四十九萬人，這是自二〇一四年以來，五年中最多的[10]。根據某金融單位的報告顯示，在韓國上班族雖然平均退休年齡在五十歲左右，但直到可以領取國民年金為止，會有十多年的時間處於「收入空白期」。該報告指出，「雖然從職場離開了，但距離安穩的退休生活還有一段很長的距離」[11]，這就是大部分上班族所經歷的現實。因此現在的上班族也該好好思考，**如何像企業利用我們一樣，反過來好好利用公司**。

為了寫這本書，我委託了專家[12]進行調查，針對各種類型的上班族——女性和男性、職業婦女與單身者、公務員和私人企業職員，我親自與各類型上班族面談，研究相關資料，並且了解他們的苦惱是什麼。結果顯示，雖然每個人實際面臨的情況不同，但整體來說都有相同的苦惱，他們知道公司並不會保護自己，不管什麼時候離開，都必須持續穩定好經濟生活，雖然想一邊工作一邊創造自己的專業，但很多人不知道該怎麼做才好。

這本書不只是對苦惱上班族的指導筆記，也整理了上班族的各種疑問和想法。所謂指導，並不是直接告訴你答案，而是要幫助各位自行尋找答案。因此我不會草率地要你立刻辭職，或告訴你該學習什麼技術才是明智之舉，那樣無濟於事，因為每個人的情況和自己心中的欲望都不一樣，只是各位在尋找的過程中，我會在旁邊一步一步地提供幫助。現在我們就要先解開大多數人最想知道的問題，到底應該從哪裡開始。

Side Note 2

離職後又回鍋的職員年薪，為何比起年資更久的我還高？

「我在這間公司工作十年，現在所待的部門成了冷門單位，公司只關注在新設立的部門，讓我受到很大的打擊，對公司也感到很失望。」

職場會遭遇各種狀況，不管是公司內部的組織結構（或部門重要度）發生變化，或是公司被其他企業併購，瞬間降為分公司，原本組織的成員都會成為受害者並感到失落。因為並不是指縮編或被解僱，而是在維持原本的僱傭關係下，失落的心情是理所當然的，但不要忘了在過程中如果受到不公平待遇，就必須提出質疑。

不過我們要先來思考「為了公司」這部分。我工作真的只是為了公司嗎？是否也有我自己的利益考量？如果其他公司出現更好的機會我會不會動搖？公司有沒有施加壓力阻止我跳槽？

二十一世紀的企業很「冷漠」（其實也許以前就冷漠但卻裝作不冷漠），只是單純努力工作的人，企業並不想要，企業要找的是能夠創造價值的人。而且我認為，企業透過每年發放的薪資或獎金，已經完成對員工當年，也就是過去在工作付出的全部補償（所以如果有人得到補償休假，我會勸他不要拖延，趕快用掉）。

常聽到有人在一個單位工作很長時間，離開到其他企業轉了一圈，再回鍋到原公司，通常年薪會更高。從人性化的角度來看，我們會認為公司應該對一直忠心耿耿、默默工作的人更好才是，但站在企業的立場，會認為有在其他組織工作經驗的人，對公司未來會更有幫助，所以即使要多付點錢也願意。

除此之外，公司有些話你也不應該相信（準確來說是謊話），雖然最近應該很少聽到了，但還是有些公司會提出例如「公司就像個大家庭」、「以社長思維工作」等。請仔細的好好想想，公司並不是我們的家人，而是建立在契約關係上，我們以時間和勞力換取報酬，基本上就是「勞務」關係，可以把它想像成是個有著不特定終止期限的演出合約。在合約期間必須付出貢獻，但如果遇到更好的機會你也能離開，而「社長思維」只要社長本人發揮就行了，如果你想發揮社長思維，不該在別人建立的職場，希望你可以發揮在自己的專業上。

受到尊敬的經營管理學大師彼得．杜拉克（Peter Drucker）曾說過：「所有企業都必須做好準備放棄現在正在做的事。」[13]但只有企業嗎？所有上班族是否也應該做好準備，隨時可能放棄目前的工作呢？

Thinking 1

設立目標，你想成為哪個領域的專業者？

湖 寶藍在一開始說自己的專業是公關，從現在正在做的工作開始發想是很好的出發點。有的上班族雖然將所屬的組織和擔任的職務當成自己的專業，看起來很自豪，但事實上大多數的時間對自己做的工作卻無法產生自豪感。幸好寶藍對身為公關人這個的角色感到自豪，也很有熱忱吧，因為負責的工作與自己的喜好一致。不過為了成為真正的專業者，接下來要考慮兩點：第一，在國內有多少「公關人」呢？

藍 這我不清楚，應該有數萬人吧。

湖 沒錯。不過根據如何定義，這個數字也會天差地遠。公關只靠企業內部的公關宣傳組和公關公司的人來做嗎？還有各種廣告、行銷宣傳人員也算吧。但不管以什麼標準，確實有很多人在這個行業工作，所以妳可以從自己是屬於「哪一種」專業的公關人來思考。以我來說，雖然從事顧問工作，但還是有領域上的差異，準確地說，我是專為企業高級主管服務的溝通顧問（Executive Communication Coach），將主要顧客對象（高級主管）和領域（溝通）縮小範圍。很多從事顧問工作者都有人事（HR）方面的經驗，但是我沒有在人事部門工作過，我是在公關公司和企業內的宣傳部門工作後獨立，這樣的經歷或許不利於顧問工作的起步，但我從自己最熟悉和有自信的溝通交流領域開始，我現在的服務範圍遍及領導力、組織文化、遊說、影響力、危機管理等領域，這些都是從溝通交流發展出來的。我離開公司自行創業後，自許要在此領域中走得比別人前面，我會持續寫關於道歉、拒絕、提問等教人如何交流的書籍也是出於這個原因。寶藍有沒有比較感興趣的領域？

藍 嗯，我最近對CSR企業社會責任方面還蠻有興趣的。

湖 就是這個。「寶藍的專業＝CSR領域的公關專家」，如果這樣定義的話，現在思考的目標是，今後人們在想到「CSR公關」這個主題時，能馬上想起寶藍的名字。換言之，「CSR公關專家＝？」的公式中，要讓人在問號的位置填入寶藍的名字才行。從交流的角度來看專業的開發，就是要讓人們在談論某個專業領域時，會想起我的名字。因此把「公關人」當作自己的專業是不是有點太籠統了？

藍 那麼成為專業人士就是要成為有名的人囉？是這個意思嗎？

湖

很好的問題。當然不完全是那樣，只要我的目標客戶能優先想到我就足夠了，不需要到人盡皆知的地步。不過未來最重要的客戶，很可能是來自於現在妳在公司中一起工作的同事或合作過的外部人士。在他們之間，寶藍的成就和聲譽將成為今後創造專業的重要因素。不過不要誤會，並非要妳在工作上對別人言聽計從，而是應該累積創造妳的專業成果和名聲。

藍

這麼一說，我突然很好奇在職場中別人是如何看待我的，今後我看待同事的觀點也會改變吧（寫筆記）。那第二個是什麼？

湖

第二，當某天妳離開公司時，也就是不再擁有讓妳自豪的公司名稱和職銜時，想想能賺多少錢。舉例來說，最好不要少於現在的年薪，即使剛創業時無法達到，也最好在三年內實現目標。帶著這樣的想法去工作，每一項專案的意義都會不同。我剛創業時曾想過，小小的獨資企業有誰會想合作呢？但是我曾待過的公司，在公關顧問領域是全球數一數二的公司。當時我擔心，客戶眼中的我，是不是因為曾在全球知名公司工作才有價值？在我離開那間公司獨自創業後，客戶還會覺得我有價值嗎？老實說當時真的很擔心，幸好在過去十年，有持續合作的客戶。如果在公司時，只是職位高的管理者，但本身的專業（個人技術）未能滿足客戶的需求，那麼離開公司後這十年，恐怕早就無法生存。還有一點，如果這十年沒有持續升級自己的技術與專業，收益也會逐漸減少。

藍 呼……那我真的還沒什麼自信，離開公司後或許會有一、兩個客戶找我合作，但要在三年內達到原本的年薪水準，我沒有信心……，不過在跟你談過後，我想到一位專業者，就是寵物行為專家姜亨旭。

湖 沒錯，他是個很好的例子。他過去待過哪間公司並不重要，因為現在的他確實創造了自己的專業和價值。「寵物訓練專家＝？」在這個公式裡，很多人會第一個想到他。不過我們並非要像他那樣有名，所以不需要有太大的壓力。

藍 對了，剛才那一章所講的主題與這間餐廳有關聯不是嗎？

湖 沒錯！妳看，這裡可說是最早以 Bar 型態營運的高級炸物專門店。在韓國的日本料理廚師不知有多少，但這間店的主廚過去曾在飯店的日式餐廳工作，因此把這裡的主打料理鎖定在炸物上，作為自己的個人專業來塑造差異化。以前應該不曾想過，又不是生魚片，為什麼吃個炸物居然也可以花上十萬元*呢？但是現在只要提到高級炸物店，就會想到這位廚師了。從原本的職場出來就賺不到錢嗎？不，因為是自己的事業才能賺更多，而這是專業者才能實現的目標。

藍 原來如此，可是我要到什麼時候才能讓人想到我的名字？

湖 現在還不需要擔心，先看看自己的事業是否與妳的職業欲望、生活欲望連結在一起。接下來就從第二章開始分析如何尋找吧。

*譯註：本書中若無特別說明，幣值均為韓幣。臺幣對韓幣匯率約〇・〇二三，十萬韓幣約相當於新臺幣二千三百元。

第二章

為了成長，投資自我

請記得挪出時間學習

「育兒時最辛苦的事情，就是要過極端的 Time Poor 的生活。我其實很習慣一個人吃飯（甚至喝酒）、一個人購物、一個人旅行，我是需要獨處的人，但從孩子出生到小學三年級，真的很難再擁有獨處的時間，對我來說，擁有個人時間並不單純為了休息，而是為了確認自己不是麻木的生活，在心靈上也想要有存在感，所以我努力爭取個人時間。當需要緩解壓力的時候，就會自己去看表演。」

——金書賢常務，愛德曼（Edelman）國際公關

Question 2

藍 今天約在這個「崔仁雅書房」，是我久聞其名卻從未來過的獨立書店。

湖 是啊。我很喜歡這裡。我在這裡辦過講座，也曾來這裡聽過演講，只要付一點參加費，就可以和作者見面，聽聽他們的故事。這裡也有咖啡，所以今天就約在這裡見面了。最近過得還好嗎？

藍 有幾個專案接近尾聲，所以忙壞了。上次要我以專業者的角度來好好思考自己，雖然心裡記著這件事，但工作上有很多急著要處理的事，所以還沒有好好思考。

湖 不用急。整理想法需要一點時間，妳可以在我們這十次見面期間慢慢思考。那我們就先來看看第二章的核心問題吧：

過去兩週，有為自己製造獨處的時間嗎？

湖 妳剛才提到，想以專業者的角度來思考自己的最大障礙，就是急迫而忙碌的工作。我曾看過一篇報導，像妳這樣從事宣傳公關的人工作總是非常忙碌，只能獲得「免除教育」的待遇[14]，真是非常可悲。再怎麼樣都要確保擁有自己的時間，不需要每十分鐘就確認訊息或電子郵件，而是可以悠閒思考的時間。你在過去兩週有沒有為自己安排獨處的時間呢？

藍 過去兩週啊，是有獨處的時間，比如會提早到約定的場所，或是外勤時一個人喝茶的時間。不過那好像不算特別為自己安排的時間，通常最多也只有半小時左右。

湖 是啊，大多數上班族都是如此。為什麼上班族需要自己的時間，該如何安排自己的時間，我們先看過第二章之後再來討論。

「真不知道該從哪裡開始……」不管年齡和經歷，若提到與專業相關的問題，總讓人不知該從哪裡開始。這種時候我要先提出問題，最近一次特別讓自己獨處是什麼時候？是否認為有必要擁有獨處的時間？不管一週、一個月，還是一年，你會如何創造那樣的時間呢？

從這個問題開始是有原因的，許多人只是在苦惱要做什麼，我們若想做一件事（有意圖），為了做那件事（將意圖轉換成執行狀態），會先確認資源，而**最基本的資源就是時間**。舉例來說，若我只有寫書的意圖，那什麼事都無法完成。必須要先確認有寫書的時間，接下來還有技術、想法、調查資料、整合，再寫成文章，需要花相當多的時間，如果不能創造那些時間，就無法完成這本書。也就是說，我可能必須刻意拒絕重要性比較低的聚會或其他事務，才能實現寫書的意圖，因為若是只有意圖或技術，卻沒有時間，那什麼事都無法實現。

公司交辦的工作都很急，還有需要優先處理的電子郵件、訊息等，讓上班族忙得不可開交。在忙碌的情況下，我們的眼界會變窄，因此許多企業會盡可能在與辦公室相距甚遠、風景好的地方，舉行幾天討論長期戰略的企業研習營。同樣的道理，我們在思考人生、職涯問題時也需要一段不受打擾的時間，若想用寬廣的視野回顧過去、計劃人生，就應該為自己製造這個獨處的時間。

微軟的創辦人比爾．蓋茲（Bill Gates）每年都會有兩次，為時一個星期的「思考週」（Think Week），遠離職員、家人和科技，一個人獨處思考未來或尋找新的想法。或許上班族不允許有兩週的時間，但我們還是可以根據自己的情況安排，哪怕只有一天，也可以刻意空下來與自己獨處。

不過想要擁有這樣的時間，最困難的應該是職業婦女了。在顧問公司工作十七年的職業婦女金書賢常務，雖然另一半也共同分擔育兒工作，但孩子還是比較常找媽媽，這也是多數職業婦女難以獨處的原因。但越是這樣，金常務就越積極找尋獨處的時間，例如週末休息或全家去旅行時，她會和丈夫協調，度過一段個人時間，有時獨自到沒有電話打擾的度假村，有時利用海外出差的機會度過短暫的一個人生活。

斗山（Doosan）集團教育組長陳東哲部長每天都提早出門，先到公司附近的咖啡店小坐，這是屬於他自己的時間，他會寫日記、閱讀，或將看過的文章做一些整理。寫日記是他長久以來的習慣，從高一開始到將近五十歲的現在，已經寫了三十三年的日記，累積下來的日記本有三十六本，至今仍持續著。我到成年為止沒有寫過日記，但是從二〇〇八年開始動筆之後，就再也沒中斷過，沒有放棄的原因，是陳東哲部長很久以前給我的建議，他說：「日記不能每天寫又怎麼樣？只要想到時記錄下來就行。」

不過他透露自己也曾有六個月的時間沒寫日記，他推薦持續寫日記的方法[15]是「即使有一段時間沒寫，也要像什麼事都沒發生一樣隨時都可以提起筆繼續寫。」只要下定決心，就算只寫幾天就暫時不寫也沒關係，過幾個月想起來再寫也行，我透過這樣的方式，也持續寫了十多年的日記。

陳東哲部長週末也會到咖啡店度過自己的時光，對他來說，這段時間是他回顧、省察自身的時間。他會把獨處的時間標注在行事曆上，一旦展開某項新工作，就會在預定完成日之後，預先標注獨處時間來自我省察，找一個安靜的空間思考整理。雖然他大多習慣在上班前或週末去咖啡店，不過他也推薦可以在走路或跑步時回顧自我。陳部長還建議在獨處時間中產生的想法，也一定要記錄下來，雖然與朋友或同事在一起的時間也很愉快，但**擁有獨自整理想法、準備未來的時間也很重要**，這就是他自我 Zoom-out 的方式。

每個人都可以根據自己的情況，在生活中創造屬於自己的時間，只要小小的努力，投資一點時間和費用就可以實踐，以下就來看看具體的方法吧。

如何安排與自己的約會？

假設有一天接到朋友的電話，邀你參加一個晚餐聚會，問你下個星期哪一天晚上有空。即便不是很想去，但你還是會拿出行事曆或手機，看看哪一天晚上有「空著的時間」（事實上根本沒有那種時間，如果有也是珍貴資源，應該花費在自己身上）。朋友問你哪天有空的時間，你也許就會「喔……」開始喬行程。大家在這種情況下會怎麼反應呢？即便沒有行程，也會隨便就把時間給別人嗎？

當然如果對方是你很想見或一定要見的人（那種狀況通常我會先聯絡對方），就算特別排開行程也要與對方見面，但大多數並不是真的非在那個時間見面不可。當然若是認識很久、很要好的朋友，即使沒有特別理由也能相約見面，一起吃「海年米」（海苔包飯、辣炒年糕、米腸）或「炸啤」（炸雞配啤酒），分享彼此的近況或苦惱，天南地北的閒聊，度過愉快的時光。在這裡我想說的是，無關對人的好惡，只是要你在參加聚會或與某人相約之前，先問問自己「真的想見面嗎？」因為只有這樣，你才能真正創造出一個人獨處的時間。

既是電視臺製作人，又是同步口譯員（他畢業於理工大學，未曾上過語言研修課），同時也是暢銷書作者的金敏植，一年看二百本書，每天早上寫文章（部落格），身為旅行狂的他還能與妻子分擔一半以上的家務和育兒工作，若問他是如何做到的？他會回答說：「不做大部分五十多歲男人會做的事就是祕訣。」意思是他不菸不酒、不打高爾夫球，身為電視臺製作人卻幾乎不看電視，也不參加公司聚餐或同學會，取而代之的是每天至少都睡七個小時以上。[16]

我們在花錢上會比較嚴謹，但花時間卻很大方。在買東西時，心裡會盤算這個東西是否值得用我辛苦賺來的錢買下。人不管是否富有都還是想省錢、想存錢或買保險，也不會輕易借錢給別人或無償捐獻，但為什麼對時間就那麼隨便呢？我們會為了未來而存錢，為了因應危急時刻而預先準備緊急預備金，但是對時間卻有差別待遇。

錢失去了還有機會再賺，但時間不行，只要用了就無法再賺回來，也不可能為了未來先儲存。每個人一天都擁有同樣的二十四小時，然而**我們卻經常把給自己的時間毫不考慮配合他人使用**，可見我們對時間有多麼「寬容」（在這裡用上下引號要強調這並非是寬容的事，特別是對我來說）。

想擁有屬於自己的時間，就要適當地拒絕別人，首先要建立自己的原則。舉例來說，可以把週四和週五晚上訂為獨處的時間，在行事曆上將這一整年的週四和週五都標注起來，當某天有人問你週四晚上有沒有空，你可能會動搖，心想「反正是與自己的約定，就一天例外吧。」在克里斯汀生《你要如何衡量你的人生》（*How will you measure your life*）一書中說道，「百分之百的堅持原則，反而比百分之九十八來得容易」。如果自己先放棄了留給自己的時間，那麼你的原則很快就會失守。因此真的想與某人見面，可以避開週四、週五，找其他時間。當有人問你週四或週五晚上有沒有空時，你只要說：「我那天有事。」通常不太會被追問有什麼事，萬一對方追問或遊說，那就該更謹慎，因為我的時間應該由我來決定，沒有必要多作解釋不能空出那段時間的理由。

你是不是也曾覺得某些聚會其實並沒有意義？那麼就試試安排與自己獨處的時間吧。第一步就是打開行事曆，根據自己的情況，可以是一個月一天、一週幾天、或是每天的特定時間，作為只屬於自己的時間，因為我的時間應該花在身為主人的我身上。

把時間花在投資自己的專業上

如果有人說：「我用自己的錢出差」你可能認為他「瘋了」，為何要花自己的錢出差？這裡說的並不是為了工作自己花錢出差，而是專業，**為了創造自己的專業值得花自己的錢出差**。我在二〇〇七年離開公司獨立創業時，第一件事就是前往美國的INFLUENCE AT WORK公司，將「說服心理學」訓練引進韓國，那是知名的社會心理學家羅伯特・齊歐迪尼（Robert Cialdini）設立的諮詢機構。

為了引進這項訓練，我自費參加認證教育課程，那筆費用是從事業資金（退職金）中支出。我在兩年前就開始思考將這項訓練引進韓國，當時我還是上班族，請了年假去美國自費參加研習，因而產生了興趣。在上班族時期，我就經常自費「出差」，參加國內外各種有興趣的教育項目。雖然是用自己的年假和錢，但是能暫時脫離工作，參與平時就關心的主題，還是有很豐富的收穫，同時那些內容通常對我負責的業務也有幫助。

可能有人會懷疑為什麼要花自己的錢，參加對公司業務有幫助的教育，當然如果能得到公司支援，不用花自己的錢、不用請年假，還可以延長我在公司的有效期限，當然是再好不過了，但是能提供充足教育訓練資源的公司並不多。對我來說，參加那些課程並不是為了公司，而是為了自己的成長，當然職業性的成長對公司（職場）也有幫助，那是附帶的積極效果，重點是那種成長會持續，即使我離開了職場也會成為我的資產。

創業後，我仍然每年至少去進修一次，當然現在不是自費，而是用一人公司的費用出差。我會去國外，在不熟悉的環境中，與不熟悉的人交流，接受教育、互相討論，為自己充電、回顧過去、構思新的想法。不過不一定非得去國外，在國內也做得到，所謂自己出差，不是職場賦予的目標，而是為了自己的成長，或者尋找屬於自己的專業而自行規劃，投入費用，離開熟悉的空間和環境，學習或思考的時間。

Side Note 3

專屬於我的研習營

曾在企業擔任營銷人員，在三十多歲時獨立創業經營《月刊三十》的姜赫振代表，在每年跨年之際，都會為自己辦一場研習營，以回顧過去、展望未來。例如到濟州島五天四夜，把自己去年一年所取得的成果，好的、未完成的工作都整理成文字，到當地的書店看書，制定新的年度計劃。

與姜赫振代表的對話

Q 什麼時候開始進行屬於自己的研習呢？

A 在我還是上班族時，不時會自己一個人到濟州島旅行，短的話三天二夜，有時間會停留一個星期左右。辭職後在二〇一七年底、二〇一八年底以及二〇二〇年初，總共三次前往進行我自己的研習。

Q 為什麼會這麼做？

A 在我還是上班族時，看了金湖代表寫的《活得酷一點》（雖然很不好意思，但仍如實轉述他的回答。他在接受 BANDI／LUNIS 採訪時，把拙作選為人生書籍。這也是我寫書的原因之一，希望可以對某些人產生積極的影響），對於人應該擁有屬於自己的時間深有同感。上班時，我們會對同事訴說自己的想法，聽取大家的意見、提問等反饋，整理想法並制定計劃。但是如果一個人工作，就沒有機會向別人分享我的想法，這時我必須自己提問、自己尋找答案。但我們在日常生活中很難長時間堅持自己的想法，所以我覺得需要一個人的時間好好沉澱。

Q　不管是四天三夜、五天四夜，甚至是停留一個星期，在這段期間最重要的活動是什麼？

A　大致可以分為二個部分：回顧過去的一年、建立新年度的計劃。

1. 回顧過去

回顧過去的一年是為了整理我的成果和過失，檢視自己哪裡做得好，又有什麼地方不足，對於確定今後工作的方向有很大的幫助。可以用賈伯斯（Steve Jobs）在演講中說過的「串連」（Connecting the dots）的概念來比喻，將一年間撒下的點連在一起。忙了一整年，很難客觀看出自己到底走出怎樣的軌跡，但是如果檢視從一月到十二月手機裡的照片和臉書動態，就能看出這一年間屬於我的發展趨勢。整理這一年並不是對過去念念不忘，而是為了更好的成長。

2. 為新的一年制定計劃

列出新的一年要做的事，制定實踐的計劃，但並不包括我無法控制的部分，例如月收入多少、要賣多少本書，因為這些是隨著我的付出而產生的結果，並不是我能憑自己的意志達成的，因此我會制定的目標通常是一年要上傳多少支 YouTube 影片、減重多少公斤、召開《月刊三十》研討會等的「具體行動」。另外，我在制定新年度的主要計劃時，參考年中抽空整理在 Evernote 上的筆記，不時記下「明年應該做這個」的想法，將這些內容在我一人的研習營中進行篩選整理。

Q 對於想要進行自我研習的上班族，有什麼建議嗎？

A 我在這次自我研習期間，偶然遇見了也是獨自前來的朋友，聽說這是他第一次嘗試自我研習，帶了六、七本書來，我覺得這樣有點太勉強了，好像有種必須要得到什麼的強迫性。在自我研習期間，最好與日常生活不同，放慢步調，進行較深入的思考。**與其思考在這段期間「應該做」什麼，不如抱著盡量「不要做」什麼的想法比較好。**

煩惱的時候，不妨找傾聽者諮詢

擁有獨自一人的時間，就是為了觀察和理解自己，有必要時還可以嘗試與專家對話，不過與專家對話也許會感到負擔，主要有兩種，一是接受諮詢本身的負擔，另一個是費用負擔。我的專業雖然是為客戶提供諮商的顧問，但有時我也會放下顧問的身分與其他專家對話，給自己時間回顧自我心中的苦惱。

我們大多有過都有這樣的經驗，向某人訴苦，對方並未給我什麼建議或告訴我解決方案，只是傾聽。但我說完之後心中負擔減輕了，腦海中也有一種思緒被整理好的感覺。與專家對話就類似這樣，不同的是專家會幫助我們掏出自己心中糾結的想法，一邊傾聽一邊幫助我們釐清重點。如果對找專家諮詢有負擔的話，可以將苦惱或想法寫下來，這種時候比起用「我……」這種第一人稱的寫法，建議可以用第三人稱的方式會比較好，這樣感覺是用第三者的角度觀察自己，有助於較客觀地整理想法或情緒。

如果想找專家，可以找有公信力的機關所提供的諮詢服務。若對費用負擔有壓力，可以先考慮公司內部的諮詢室。如果是在職進修生，學校裡的諮商輔導室幾乎都是免費的，我在讀研究所時也曾接受過學校免費的諮商。除此之外，還有很多地方可以更輕鬆地與專家進行對話。

我在三十多歲時擔任外商公司代表，在經營上承受許多壓力，所以也有找專家諮商，這對我幫助很大。直到現在，我仍每個月與在美國的心理諮商專家進行視訊諮商，若有機會到美國出差，也會特別安排時間見面。這樣的諮詢最初通常會先進行簡單的心理診斷，然後依結果再進行諮詢，諮詢時的關鍵在於對方是否能引導彼此間的溝通順暢、我的心情是否感到舒服自在，因此與諮詢專家時，建議先進行一、二次小規模的體驗後再做決定比較好。

在與諮詢專家對話的過程中，我們面對的是自身的脆弱（Vulnerability）。這也是我個人很喜歡的單字，誰沒有脆弱的時候呢？正如以此研究著稱的布芮尼・布朗（Brené Brown）所說，精神強悍可以面對自身的脆弱性，也可以向任何人展現並要求協助。精神力不好的人不是沒有脆弱的時候，而是遭遇脆弱時只想掩蓋或逃避。[17]

與諮詢專家的對話也會幫助自己進行自我對話，如果不找專家，也可以找善於傾聽的朋友。在充滿競爭的職場和社會中生存，每個人都需要有讓我們敞開心扉說出自己錯誤或弱點的人，他可能是絕對不會透露告解內容的天主教神父、信任的前輩，也可能是朋友或工作夥伴。無論是誰，都必須是能讓我們願意暴露自己的脆弱、傾聽苦惱的人。這種人該怎麼稱呼好呢？導師（Mentor）？可是感覺好像會輕率地提出「這樣做就行了……」的主觀建議。比較起來，稱呼「傾聽者」（Lisener）似乎更適合。他會關注我說的故事，我不用擔心會漏掉什麼。

你身邊有這樣的「傾聽者」嗎？如果有的話那真是太好了。**真正的傾聽者會發揮鏡子的作用，幫助我面對自己，照射出自己看不見的樣子**。我們應該是最了解自己的人，但其實自己的弱點在別人眼裡更容易被看出來。想想看，當大家一起聊天時，只有我看不見自己的樣子，而傾聽者成為鏡子的意義，不是對我「指手畫腳」批評指責，而是會保留判斷，幫助我看到自己真實的樣子。就像鏡子只會如實映照出我的樣子，不會做任何判斷。「鏡子啊，鏡子，誰是這世上最美麗的人？」這樣問鏡子是不會回答的。或許經常有人會在背後議論我，但能如實傳達我的真實面貌的人很少。

人生在世，如果身邊有一位真正的聽眾，那是件很幸運的事。家人也許會成為糾正我的人，但卻會離傾聽者的角色越來越遠。一個能讓我信賴和交談，透過對話幫助我更理解自己的傾聽者，對人生會有很大的幫助。

Thinking 2

開始思考，如何安排一個人的時間吧！

湖：看完第二章有什麼感想？

藍：雖然不容易，但我能嘗試一下，找到屬於自己的方式。

湖：好，那我們再進一步來討論吧。「想嘗試一下」的心態是很好的起步，不過應該要具體想一下「何時？在哪裡？怎麼做？」

安排屬於自己一個人的時間有兩種方式，一是經常性的時間，這種情況不管是三十分鐘還是一個小時，即使時間比較短，但因為是經常性思考，所以想法可以一直延續、累積。另一個是「捲軸時間」，就像捲筒衛生紙一樣，用相對比較長的時間進行思考。朴景利作家曾說過：「作家需要捲軸時間」[18]讓人印象深刻。為了尋找專業，需要這樣一段能集中思考的時間，尤其是在日常生活中少有零碎時間可利用的人更需要。暫時與家人、朋友分開，一個人獨處幾天，如果有困難，那麼休個半天的假，獨自度過也行。你什麼時候可以騰出一個人的「捲軸時間」呢？

藍（拿起手機確認行事曆）下星期五只要上半天班，下午應該可以。

湖很好，那麼現在就在行事曆上先記下來。

藍等一下……（在行事曆上記下星期五下午二點到七點，共五個小時的時間）不過有沒有建議什麼地方適合一個人度過這段時間？

湖所以今天才會跟你約在這裡啊。

藍這間書店？

湖現在我們所在位置是書店的四樓，三樓是叫做「一個人的書齋」，要付一點費用，但是在那裡的書都可以自由閱讀，更重要的是你可以坐在窗邊，把腿伸直、任憑你天南地北的思考，是個很棒的地方。不然最近也有很多安靜的咖啡店，在你感覺舒適的地方度過一個人的時間即可。

藍好啊。不過五個小時的時間該做什麼？總不能就只是思考吧，你有什麼好建議？

湖問得正是時候，可以做三件事：回顧過去、檢視我的欲望、觀察未來藍圖。正是接下來第三～五章的主題。進入下一章再來討論吧！

第三章
夢想未來之前，先回顧過去

「我真的知道自己想要什麼嗎？真的知道怎麼做才會幸福嗎？我正在那樣做嗎？我走的路是正確的嗎？」

——網路公司組長，三十八歲

Question 3

藍 嗨，阿湖！今天我來的比較早，所以先到附近逛了一下。這裡是我從學校畢業後第一份工作的所在地，真的已經隔了好多年了。

湖 我不久前也去了一趟我剛進入社會時，第一間公司所在地附近，感覺有點微妙，當時社會新鮮人的回憶浮現腦海。我們開車時都會隨時察看後照鏡以掌握車後的狀況不是嗎？察看後方不是為了要回頭走，而是為了適當地調整路線，以順利地往前走。同樣地，為了好好掌握從上班族轉換成為專業者的「路線」，回顧是很重要的。第三章的討論重點就是這個：

你做什麼事最有活力並樂在其中？

湖 請寫出十個，在職場生活中，雖遭逢難關但仍保持活力工作並享受過程的事例。

藍 十個……光聽就覺得很難，不知道有沒有那麼多啊。

湖 這是很重要的問題，探究自己真實的內在並提出來，要找尋專業就必須對自己誠實。仔細想想，「我在做什麼事時感覺最有活力、最樂在其中？」

曾收到過一位認識已久的四十多歲上班族的郵件，他說：「我每天都埋首於眼前的工作，一抬頭卻不知道自己跑到哪裡了」，當時這個朋友開始有規劃自己未來的想法。我們在樹立未來方向的同時，要找出自己真正喜歡什麼、擅長什麼，最好的方法就是回顧過去。回顧過去，會更了解自己，就像在選舉時，比起看候選人未來的承諾，可以看他過去做了什麼，這樣更能了解他。先從最近的歷史出發，慢慢地再走遠一點。

回顧過去，規劃未來並開始行動

每年年底我都會收到一張令人印象深刻的明信片，那是在美國的事業夥伴寄來的。每到年末，他都會列出這一年對自己來說特別的十件事，排好順序寫在明信片上分享給朋友。我從中獲得靈感，於二〇一四年開始製作屬於自己「當年想珍藏的十個回憶」。我到文具店買三十三乘以二十四公分的小畫板，分成十格，我會和妻子一起回顧過去的一年，選出十大事件，用文字和圖片記錄在畫板上。

每年年底的假期，我和妻子通常會到臨近的日本度過，我們帶著畫板和簽字筆，找一間舒服的咖啡店，點壺熱茶和甜甜的蛋糕，一起選出十件我們認為今年發生的好事。將十大事件一個個描繪在畫板上的過程，或許手藝不佳，卻成為我們最快樂、最具意義的年末例行儀式。回到家後，我們會把畫板放在家中最顯眼的地方，看著過去幾年的畫板，我也有以下的感悟。

1. 要有自我反省的時間

上班族的生活都是每天不停的反應（Reaction），應付上司和顧客的要求，不知不覺一天就過去了，拖著疲憊的身體回家倒頭就睡，第二天又是同樣的延續。像這樣在日常中「反應」的密度越高，「反射」（Reflection），**也就是自我反省的時間就變得更加重要**。「股神」巴菲特（Warren Buffett）每天都會閱讀五、六個小時，並進行自我反省。反省有什麼好處？巴菲特說：「越是去閱讀思考，就越能避免做出像業界大多數人所做的衝動決定」[19] 我經常給客戶的建議之一就是「不要做反應，要行動」。「反應」（Reaction）通常是未經思考衝動之下的行動；「行動」（Action）則是經過思考的。找尋適合我的專業，行動是不是比反應更適用呢？

在年底給自己六個小時自己獨處，好好回顧這一年。或者不一定非要等到年底，也可以在年中時選出上半年的十大事件。我們常在媒體上看到年度十大事件的報導，其中包含很多不好的消息，但在這裡所說的十大事件，是屬於我個人的成就或有意義的進展，尋找過程也許很辛苦，但是試著將自己感到有意義且欣慰的事寫下來吧（例如對我來說，寫這本書的過程比預想的還要艱難，但是克服了這些而順利出版，就會覺得很有成就感）。

2. 打造「未來的回憶」

如果說「今年的十大事件」是以過去的記憶為中心，那麼「未來的回憶」（Memory of the Future）則從未來的特定時間回顧過去。我曾參加過已故的具本亨作家（一九五四~二〇一三年）在二〇〇七年舉辦的營隊，其中有一項活動是製造十個未來十年內（二〇〇七~二〇一七）想留下的回憶，並到二〇一七年時回顧。這樣預先想好的十個「未來回憶」，對期間的人生方向產生了很好的影響。

五年過去後，二〇一二年當初在營隊中同組的夥伴們，還相約聚在一起回顧當年各自的「未來回憶」。現在，我到了年底會在畫板正面畫上當年度的十大事件，背面則寫下新的一年我希望做的十件事。如果現在你閱讀這本書的時間是夏天，那麼就可以回顧今年十大事件的完成度並規劃下半年。在春夏已經取得進展的同時，在剩下的秋冬，可以更有效率地調配時間和精力，勾勒出更加清晰的藍圖。

3. 找出心靈疲憊時療癒自己的「社交甜點」

人不可能永遠幸福，人事評價結果有可能不如預期，有時也會感到悲傷或孤獨。心理學家蓋．溫奇（Guy Winch）介紹了「社交甜點」（social snack）的概念。[20] 當完成某件事情時別人對我的讚賞、曾幫助我的人說的溫暖話語、和喜歡的人一起度過愉快時光的記憶等，這些都是在我心靈疲憊時成為力量的社交甜點。想想看到目前為止，哪些回憶或場景可以成為你的社交甜點呢？

4. 明白人生中最重要的東西是什麼

經過反省與回顧，我們會明白剩下的時間並不多，我們經常看到所謂的「預期壽命」，可以預想自己還有多少時間。根據韓國統計廳調查，韓國女性的預期壽命為八十六歲，男性為八十歲，但是比壽命長短更重要的是能健康活著的時間。在預期壽命中，若除去往返於醫院的待病時間，剩餘堪稱健康的預期時間，女性為六十五年（預期壽命的百分之七十六）、男性為六十四年（預期壽命的百分之八〇）。[21] 總體來說，預期壽命增加，而健康生活的時間卻減少。[22]

經過連續幾年列表，我明白了人生中最重要的東西是什麼。對我來說，閱讀和寫作是重要的，而每年都不會遺漏的項目是與妻子一同去旅行。我們彼此承諾不要拖延旅行，一邊為旅行存錢，一邊篩選到六十歲為止想去的地方，同樣全都寫在畫板上。在家一起做飯、一起吃飯、一起上下班等，這些都會成為重要回憶。在列表過程中，我發現除了在職場取得的成就之外，還有很多重要的東西是要從生活中取得的（透過這種過程，整理出來的內容就類似在第一章中第24頁提到的，我的八種欲望）。

你有好好了解過自己嗎？

「從鏡中的人開始改變吧！我要求他改變他的人生方式，沒有比這更清楚的訊息，如果你想讓這個世界變得更美好，好好地看著自己，然後開始改變。」這是麥可．傑克森（Michael Jackson）的名曲《鏡中人》（Man in the Mirror）中的一段歌詞。

節錄這段歌詞是有原因的。我們看著現在這個不斷進步、瞬息萬變的世界而擔心，看到成功人士的報導，我感到自己落後，感到不安。沒有心思去了解自己的想法，只是關心和擔心自己能不能跟得上變化，這就像企業一邊分析市場趨勢與競爭對手，卻不分析本身的產品與服務，只顧著擔心別人。

重點是我們要透過「鏡子」來觀察和理解自己，若是只透過「窗戶」看外面的變化並無益處。我們可以透過展示櫥窗了解時尚趨勢，但還是要照鏡子才能挑出適合自己的衣服。正所謂「知己知彼、百戰百勝」，不僅要了解世界的變化，正確理解自己也是必須的。但是實際該怎麼做？我們可以藉由閱讀或聽演講來了解趨勢變化，但是該從哪裡才能找到可以檢視自我的鏡子呢？

這面鏡子會有兩面，分別為主觀的鏡子、客觀的鏡子。**主觀的鏡子是藉由一個人獨處的時間思考整理，用文字記錄自己的歷史，真實地看待自己**。正如前面所說，鏡子本身不會判斷美醜，只是真實照射出我所呈現的樣子。在這樣的過程中，可以認真想想自己小時候喜歡什麼、不喜歡什麼、最擔心的問題、現在的處境。

就像指紋一樣，人都有自己的個性和風格，但是在職場生活中，我們通常被視為大型組織的一分子，是接受上司指示的部下、某部門負責某項職務的人。但在面對自己時，不用擔心要呈現什麼給別人看，藉由記憶寫下從生活鏡子裡映照出來的自己，將有助於理解自己。這樣寫下來的文字反映出我在生活中的各種樣貌，再連接起來就是我人生的短篇小說（這就是賈伯斯在史丹佛大學畢業典禮[23]上所說的「串連」）。

以我為例，我直到大學畢業的夢想都是希望能成為一名好老師，後來進入公司後，體驗了溝通諮詢，隨著這兩項的串連，我現在成為協助客戶進行良好溝通交流的顧問。再次回顧過去，現在我認為當年夢想成為老師，但其實應該是想成為幫助別人成長的人，在還不知道有顧問這個職業的時候，我第一個想到的就是當老師。如果覺得藉由主觀鏡子為自己記錄這個方式還是有點茫然的話，可以先透過「客觀的鏡子」來理解自己，**客觀的鏡子是利用各種診斷工具的輔助來檢視自己**，目前己研發出許多診斷工作，費用從數萬元到數十萬元都有。

現在很多公司也會要求員工做類似的測驗，這種情況之下就不得不做了，不過有人對於這種對自我的評估診斷不以為然，理由是認為「我最了解自己」，心想「有必要花那些錢去理解自己嗎？」

但是首先，如果真的很了解自己，應該會很清楚自己對生活和工作的欲望是什麼，那就沒有必要進行這診斷。雖然這些診斷並不能直接找到答案，但是可以提示我們理解自己的方法和發掘我們不知道的自己。有人針對二十名大學生進行案例研究，讓受試者先進行職業偏好度（work preference）測驗，再公布結果並討論，發現受試者對自己的理解度都大大提高，其中有學生發現自己一直以來都是按照父母的期望來決定職業偏好，透過測驗讓他發現了自己真正的職業目標。

第二，我所認為自己與別人眼中的我有什麼不同？也許很多人會認為「別人看到的不是我真正的樣子」。我們在公司工作，與人互動時實際展現的樣子，就是別人看到的我，那與我們自己眼中的「我」，可能會截然不同。如果無法理解這種差異，可能會在領導力發揮和組織生活中失去很多東西。

四十歲時，我曾委託第三方機構，對熟悉我的同事、朋友及我的妻子等十二人進行調查，內容是對我的認識。透過調查結果可以了解我對自己的認知與他人眼中的我有什麼差異，我自己看不到的優點或缺點是什麼。在邁入四十歲之際做了「我的心理報告書」診斷，至今我也不時會拿出來翻看，幫助我更了解自己。這類的診斷結果有些人會覺得某部分很準（「沒錯，沒錯！我就是這樣。」一邊點頭如搗蒜），但很多人看完報告後就結束了。讓我們來想想正確利用這種診斷結果的方法，看到結果時，會有自己也認同的部分，也會有「哦，我是這樣嗎？」感到意外的部分。這種意外的部分也許原本就不適合自己，但也有可能提醒我發現自己從未發掘的特色。將這類診斷結果，與個人生活的歷史串連起來思考是非常重要的。

舉例來說，在很多心理診斷中都會用外向型（extrovert）和內向型（introvert）作為診斷基準。下圖是我曾參與過判斷職能偏向的TMP（團隊管理剖面，Team Management Profile）測驗結果。從這個結果來看，內向分數是二十六分，外向分數是十八分，通常看到這個結果，很多人就會做出「對，我是內向型的」的結論後就結束。

但如果我們再進一步深入思考，這種結果真正的意義，應該是指在某些情況下，體現出內向的特性；而在某些情況下，比較會表現出外向。以我來說，因為不太喜歡社交聚會，在說話前習慣會先整理思緒，看起來似乎比較內向；但是從喜歡多樣的工作，有時會衝動這些部分來看，就顯露出外向性格。所以比起在企業內部進行有範圍限制的業務，我更喜歡進行以多樣的外部企業為對象的專案。

人在不同情況下會展現出不同的面貌，因此無論是對他人還是自己，都不要輕易斷定是「外向型（內向型）的人」。應該用「帶有外向（內向）偏好的人」（person with extrovert/introvert preference）這樣的表達方式比較準確。那麼現在可以回想一下自己在日常什麼情況下比較會表現出外向（或內向）的性格，若有特別

你如何與他人相處

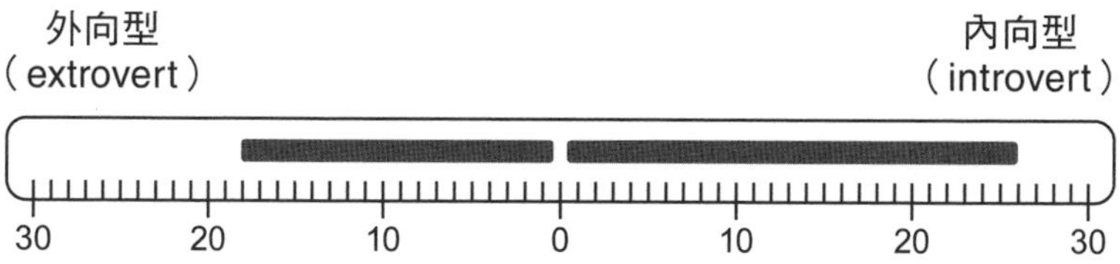

TMP 測驗結果範例

想到的事例也可以記錄下來。這樣「深入地」解析診斷結果，可以提高對自己的理解度，也可以幫助找出自己未發掘的特長。

為了理解世界的變化，我們閱讀許多書籍或資料，聆聽各種專家的演講。為了更了解自己，同樣也需要工具，花時間自我回顧並整理記錄。讓我們暫時擱置世界和別人的故事，看看自己人生的「博物館」裡有什麼樣的軌跡，照照鏡子才能找到屬於自己的東西。

Side Note 4

專業診斷工具

上述的TMP測驗是以四個領域：與他人的關係（extrovent / inerovent）、訊息收集與使用（practical / creative）、意志決策（analytical / belief-based）、組織化（structured-flexible）的調查分析結果為基礎，作為測定八種職能偏好度的工具，可以幫助受試者找到自己喜歡的類型。

1. **建議**（Advising）：喜歡收集、提供訊息、查找範例（best practice）的類型。
2. **創新**（Innovating）：一種對工作會產生「這一定是最好的方式嗎？」這種疑問並喜歡業務創新的類型。

3. **促進**（Promoting）：喜歡將業務價值對內外部介紹及宣揚的類型。

4. **開發**（Developing）：調查客戶或利害關係人的需要，針對需求整合業務計畫的類型。

5. **組織**（Organizing）：偏好整體資源的分配和組織化工作的類型。

6. **生產**（Producing）：以工作效果、效率為基礎，對生產和執行有興趣的類型。

7. **檢查**（Inspecting）：針對產品或服務有無瑕疵，定期進行檢查及採取措施的類型。

8. **維護**（Maintaining）：確認和維護組織工作水準和程序的類型。

此測驗雖然有韓文版本，但結果報告說明卻是英文版。除了這個之外，在韓國也有其他測驗工具，例如許多人都會使用具代表性的MBTI（Myers Briggs Type Indicator），我在之前工作的公司就做過三次，可說是全世界被使用頻率最高的工具。不過對於MBTI，也有不少心理學家持否定意見。[25]

這裡再介紹我實際參與過的另外兩種診斷工具，「我的心理報告書」（mindprism.co.kr）以及 tanagement.co.kr 的「優勢報告」。

1. **我的心理報告書**：著重於提高對自我的理解。

2. **優勢報告：**tanagement，是由 talent 與 management 合併的新名詞，著重在發掘自我的欲望、才能、優勢和態度。

建議訪問網站閱讀說明，參與自己感興趣的診斷。如果可以的話，在得到結果後，可以透過網站提供的研習營或與專家進行一對一面談，更深入探索自我。如果本人願意，也可以與周圍信任的人分享，聽取他們的意見，對增進自我了解也有幫助。

該如何做自我回顧記錄？

前面談到用文字記錄自己人生歷史的重要性，但是打開筆記本或打開電腦後，卻不知該如何下筆，我們可以從日本著名的評論家立花隆那裡得到一點提示。[26]

1. 製作自己人生的歷史年表

這是最簡單的方式，可以使用像 excel 的程式，簡單就能上手。第一欄從今年（最近）到出生年度，由上往下列舉。

第二欄配合年度填入我的年齡，這裡是出發點，第三格則寫下過去發生過的有意義的事。剛開始會很容易寫什麼時候畢業，什麼時候進公司、升遷、離職等宛如流水帳，但在寫完這些基本的東西後，會逐漸想起生活中經歷過有意義的事，可以找出成功完成工作並獲得認可的記憶。也可以寫上任何失誤或失敗的事件，在旁邊加上備註欄，提醒自己不要重蹈覆轍，成功的經驗也可以再擴大發展。

第三欄是個人生活中發生的事，第四欄就可以記錄社會和世界上發生的事。根據歷史年表，加入對自己有意義的歷史事件。例如IMF危機（一九九七年，即亞洲金融危機），對韓國人來說應該都受到很大的影響。我當時在美國留學，完成

我人生的歷史年表

年度	年齡	我生活中發生的事	世界發生的事	備註
2022				
2021				

碩士學業正準備攻讀博士，但是匯率整整上升了二倍，最後實在是無法負擔留學費用，只好中斷學業回到韓國。還有二〇二〇年的新冠疫情，更可以說全世界沒有人不受到影響，只是影響程度不同，以我來說，有許多客戶公司的研習營被迫取消或延期。除了影響人生的歷史事件，也可以寫下當時自己喜歡的電影或音樂，當年度的暢銷書、賣座電影或音樂等。像這樣記錄外面世界變化，就會自然而然地想起在自己的人生中發生過卻一時忘記的事，也可以了解自己的生活隨著世界的變化受到什麼樣的影響。

2. 製作附註表——人生短暫的插曲（episode）

在剛才 Excel 製作的年表外，再做一張附註表，因為在製作年表的過程中，一定會想起一些在人生中短暫的插曲，在這裡就舉幾個例子。

- 職場影響我最深的前輩
- 人生中最重要的朋友和記憶最深刻的經歷
- 最有趣的課程或教育項目

- 帶領過最讓我苦惱的後輩
- 印象最深刻的旅行
- 負責並主導過最成功的專案
- 受到歧視的經歷
- 印象最深刻的對話
- 人生最大的失誤
- 聽到最好的稱讚

從小到大的照片、日記本、筆記、隨身物品等都可以幫助我們喚起記憶中的小插曲。把放在記憶倉庫裡的這些東西拿出來，召喚記憶，這些小插曲都可能是日後找出個人專業的重要線索。

3. 製作自己的人際關係群聚圖

人際關係群聚圖（cluster map）是用來區分聚集相似的人們，在人生不同的階段會與很多人互相影響，我們可以用圖表整理一下從過去到現在對我產生影響的都是什麼樣的人。

- 在開始工作後曾帶給我影響的人？
- 對我成長帶來最大力量的人，或者最讓我痛苦的人
- 工作中最優秀的前輩、同事、後輩、客戶
- 給我提供好機會或訊息的人
- 當我疲累時傾聽我說話的人

4. 寫下後記（補充自己所感受到、別具意義的事）

寫完自己的歷史就寫後記。立花隆建議，像信中的P.S一樣，在寫完自己的歷史後，可以自由寫出想補充的故事，後記是記錄在寫歷史的過程中，自己所感受到、別具意義的事。

這樣深入地觀察自己的過去，自然而然地會串連到未來的歷史。以五年為一個單

位，寫下未來想做的事情，在書寫未來的歷史時，會發現我所剩下的時間，特別是經濟生活或健康行動的時間沒有想像中的多。

雖然立花隆的課只有五十歲以上的學生才能參與，但是他所提出的方法論，我認為其實不管年齡大小，只要是還不知道自己喜歡什麼、擅長什麼，想馬上就業卻不知道自己想做什麼工作的人，都可以試試。

Side Note 5

《我》這本小說的主角——丁柚井作家的疑問

「這個作者連爬都不會就想飛了。」

這是韓國作家丁柚井第一次參加新春文藝獎時得到的評語，當時並不是稱為作家，而是被稱為作者，他也承受了很大的痛苦，讀著對自己寫小說方法的採訪[27]。我想，我們的人生不也是一部小說嗎？不過又該如何寫出「生活」這個故事呢？我借用丁柚井作家在採訪文中，針對《故事》一書的作者、在全球舉辦故事研討會的羅伯特・麥基（Robert McKee）丟出的六個問題所進行回答來說明，其中兩個問題尤為重要。

1. 如何設定登場人物？

丁柚井作家以「人物檔案」來表現。在我的人生、職場生活中登場的是哪些人？對我的成長有幫助和成為障礙的又是哪些人？在這裡的成長不單純是職場上的成果，凡是分享給我好資訊和技術的人，幫助開發我的專業的人，在我遇到困難時給予力量的人，發現並稱讚我的優點的人，指出我的錯誤並給予建議的人，都是對我成長有幫助的人。

當然登場人物中最不可或缺的是對主角「我」的理解，就像前面說的，我們可以嘗試寫下自己的人生歷史或透過診斷工作來提高對自己的理解。

2. 想要什麼？

就是指欲望。除了顯露出來的部分之外，是否還有連自己也未發現的隱藏欲望？丁柚井作家區分為行動和活動。活動，就像吃喝一樣，是沒有價值變化的；行動，是帶著目的和意志做出的選擇。

想想在職場生活中，工作是否是沒有價值變化的活動呢？讓故事進行下去的不是活動而是行動。那麼為了讓人生這個故事前進，我又做了多少行動呢？欲望的動機（為什麼想）、關於行動和選擇的提問（如何實現目標）、矛盾與障礙物（阻擋我們的是什麼）、結果（會發生什麼事），這些都是我們在寫人生故事時值得思考的問題。

為了在自己的人生中成為主角，需要了解自己的欲望，並觀察與職場生活的串聯。有些人為了達成自己的欲望會在組織裡更努力，有些人則會離開穩定的組織，以換取金錢或自由的時間。

丁柚井作家在新春文藝獎中得到近乎侮辱的評價後，躺在家裡好幾天，有天終於起床出去買燒酒，路上在某間舊書店裡發現了史蒂芬．金（Stephen King）的《四季奇譚》（*Different Seasons*），而開始重新學習寫小說，成為成功的作家。丁柚井作家的最終原稿裡，最初草稿的內容僅剩下不到百分之十，而草稿就如同我們人生中的各種嘗試，寫完草稿還會經過無數次補充和修改，在這個過程中真正的方向會逐漸明朗化，所以我們是不是也應該在各種嘗試中尋找自己的欲望和想要的生活呢？

Thinking 3

回想在職場生活中遭遇困難，但仍能享受過程、維持高能量工作，結果也滿意的十個案例

湖 看完第三章，寶藍覺得怎麼樣？

藍 看書的時候偶爾會停頓下來思考，讀這第三章時更是經常停頓，回想「一直以來我是怎麼過的？我的職場經歷又是如何？」這些問題。

湖 聽你這麼說，身為作者的我感到很欣慰。比起「窗戶」，我更希望這本書成為「鏡子」，讓讀者在閱讀的過程中，更能了解自己。妳有沒有更了解自己呢？

藍 我仔細想了想從童年到現在，我在做什麼時最充滿活力和感到有趣，這好比是我人生的十大事件。今天來到我第一份工作所在的社區，如果回到我的大學母校，一定也會喚起我的記憶，突然很想把過去的照片或筆記拿出來看看。

湖 很好，想到出社會前的回憶了啊。

藍 是啊。透過這個過程，我領悟到了兩點。根據性格判斷，我總以為自己是內向的

人，因為比起與別人見面，我更喜歡獨自一個人，所以一直認為自己是「內向型」的人。但是讀了第三章我才知道，應該根據情況區分性格，等於是重新發現了我也有外向的一面。

湖 很有意思。什麼時候會比較外向？

藍 上次我定義自己是公關人，但仔細一想，我在唸書的時候就喜歡計劃、組建團隊、推動工作進行。當然，我也喜歡閱讀、寫作。我覺得與其說我是公關人，還不如說是企劃人。因為公關人的角色有侷限性，但如果是企劃人，可能發揮的範圍會變得寬廣一些。

湖 是啊，從另一個角度去思考自己的專業定義是很好的。

藍 平時我沒那麼喜歡經常與別人交流，但如果是我企劃和執行的工作，我會毅然決然找尋不認識的人協力合作，我也很享受這個過程。在從事公關行銷活動時，不僅會見到媒體記者，還會見到各種各樣的人，從這一點來看，我應該是偏外向型的人。

湖 實際上看了寶藍的TMP結果，顯示偏好組織化的業務，這與妳剛才說的一致，不過寶藍的內向分數也不少。從結果來看，妳應該對革新性業務也很有興趣。

藍 那是什麼意思呢？革新性的業務……這似乎比較適合ＩＴ行業，在公關業中很少討論創新……。

湖 舉例來說，在工作的時候，不會完全照著前輩們的作法去做，反而會提出質疑「為什麼非要那樣做？」你自己覺得呢？

藍 沒錯，我還蠻常提出那樣的疑問。

湖 那就是了。不過我想問的是，現在的職場是否能讓妳充分發揮創新？上次開會時寶藍的上司也一起來，當時我就發現，妳似乎有話想說卻常欲言又止。

藍 是那樣沒錯。因為我在前一家公司時曾對上司的作法提出疑問，結果被訓了一頓，現在這間公司感覺比之前更自由，但不知道是不是因為過去的經驗反而讓我不敢表達……我需要再重新思考一下。

湖 好。下一章我們就談談這個吧，看看如何才能幫助妳察覺和表達真實的自己。

第四章
如何找出自己真正想要的東西

「原來二十多歲的時候我喜歡這個啊，不知道是不是因為上了年紀，或是因為結了婚、有了孩子，現在都沒有閒暇時間想到自己原本喜歡的事物，似乎也沒有真正好好為自己著想。」

——國小老師，三十八歲

湖：（揮著手）寶藍！這裡！

藍：今天這間咖啡店不錯耶！挑高及採光好，感覺很舒適，真好。

湖：今天我請客。

藍：謝了！我要拿鐵咖啡。

湖：牛奶有四種可以選。

藍：四種？

湖：嗯，有無乳糖牛奶、低脂、一般，或者也可以加豆奶。

藍：我一般的就好了（點完咖啡找位置坐下）。

藍：這間店的牛奶選擇還真特別。

湖：是啊。我剛到美國時去買三明治，結果店員從麵包的種類到加什麼起司、蔬菜等都一個一個問，感覺好麻煩，當時在韓國三明治就只有鮪魚一種而已。

藍：是啊，我也喜歡簡簡單單的。

湖：不過現在看來那樣也不一定就是最好。社會文化研究專家吉爾特·霍夫斯塔德（Geert Hofstede）針對世界主要國家調查個人主義程度，得到的結果為美國九十一分、德國六十七分、日本四十六分，而韓國只有十八分。[28]

藍 真的嗎？美國的分數那麼高可以理解，不過日本居然也比韓國多了近二・五倍，真令人意外。

湖 嗯，韓國可說是團體主義的代表國家。所以這回的題目就是這個：

撇除別人想要的，你知道自己對生活和職業真正的欲望嗎？

湖 在個人主義文化中，會更重視個人意見和取向、尊重他人。

藍 就像這間咖啡店不只有一種牛奶，而是可以根據個人喜好及需求提供四種選擇是嗎？

湖 沒錯。所以今天的主題是個人的欲望。在生活中、工作中，我們是否真的知道自己想要什麼。

「我從什麼時候開始長大了呢？」

在法律上來說雖然已經成年好幾十年了，但我有時還是在心裡產生這樣的疑問。這是在研究「拒絕」並寫下《我現在決定說「不」》的過程中，最重要的問題。我們會從年齡增長、能否參與投票、生理上的成熟、在社會及經濟上的獨立與否來判斷是否已經成為大人。從這些標準來看很容易判斷，但是過了四十歲之後，有一段時間從心理上感覺自己並未成年，這對我來說是一個非常痛苦而重要的發現。當成為「心理上的成年人」（psychological adult）時，才能在自己的人生中發揮真正的領導力，但心理上的成年人到底是什麼呢？

1. 能察覺自己內心真實的能力

內心的真實是什麼？我們為了聽取父母、老師、上司、客戶的心聲，了解他們的想法而費盡心力，因此我們會和他們見面溝通，但卻習慣性地壓抑或迴避自己的情感或意見，抱著「讓他們不高興對我也沒好處」的生活方式。社會心理學家史丹利·米爾格蘭

（Stanley Milgram）說這是「代理理論」（agentic state），將自己視為凡事都能滿足上級的人。這樣的情況持續久了（點餐時比起自己想吃的東西，會更傾向於配合同行者點餐），就會越來越忽略自己的感受、意見，更嚴重的結果是不知道自己想要什麼（欲望）。因此我們越要問自己：「我真正想要的是什麼？」「我現在有什麼感受？」「我真正的想法是什麼？」不要迴避這些問題，只有強迫自己回答，才能發現內心的真實。

2. 心理上的成年人，可以將自己的內心如實傳達給對方

在傳統的韓國社會，與長輩對視並不合乎禮節，所以會把睜大眼睛看著父母、教師、上司或前輩表達意見，視為「無禮的行為」、「對權威的挑戰」。心理成年人的核心是有能力將自己的想法、意見和情感傳達給比自己「更強大」的人。一直認為不主動、老老實實就是「善良」（其實不是善良，而是不能坦誠）的人，現在是時候擺脫這種自卑情結了（我也是這樣）。

3. 心理上的成年人，在明確表達自己主張的同時，也會詢問對方意見並傾聽

總是獨自壟斷對話的上司，在心理上很可能並不成熟。在領導力溝通中最重要的條件是 assertive（積極地、充滿自信），這與 aggressive（氣勢凌人）有明顯的區別。後者堅持自己的主張（常常以暴力方式），不聽別人說話；前者則是自己有堅持，但也能以成熟的態度，給對方表達的機會，並會傾聽對方的意見，所以心理成年人的溝通應該是「assertive」。

4. 心理上的成年人，具有被拒絕的胸懷，不會因害怕被拒絕而不去嘗試

他們會抱著「努力達到成功，但若真不行也沒關係」的心態，在生活中勇於嘗試。最後，正如前面所看到的，能夠面對自身脆弱一面的勇氣也是心理成年人的重要特徵。

將自己的欲望具體化，是成為心理上的成年人的開始，因為從發現自己想要的東西，並具體化的過程是成長為心理成年人的重點要素。

Side Note 6

「能成功最好，不行也沒關係」所帶來的機會

隨著坦誠欲望，我開始將「被拒絕」視為常態，例如我向某人提出十次請求（意指十次不同的請求。若向一個人提出十次同樣的請求，其實只要是兩次以上同樣的請求，那就是另外一種暴力），被拒絕八、九次，我認為是理所當然的事。若對方能同意一次，那就是大大的幸福了。最近因為客戶端更換負責教育訓練的人，藉著會議與對方第一次見面，在會議快結束時，我坦率地表達了自己想做的專案，內容大概是這樣：

「雖然有點唐突，但我最近有新的想法。我在韓國有為多家跨國企業規劃研習營的經驗，從幾年前開始，就希望把活動範圍擴大到海外的欲望（我真的使用了『欲望』一詞），特別是亞洲地區。如果有機會請讓我試試，謝謝。」

僅此而已，我把想說的話說出來，但心裡想著或許很難有機會。但令人驚訝的是，不到半年，那位教育訓練負責人正好要承辦一個全亞洲地區經理人聚集的研討會，他立刻想起我並推薦我。經過面談我得到機會，集合了韓國、臺灣、新加坡、印度、日本、中國、泰國、香港分公司的經理人，在曼谷舉行三天的研討會。直到現在我有時還會想，「如果當時沒有那樣說……」如果沒有說，我的欲望可能真的沒機會完成。這是一次很好的經驗，這就是為什麼需要「能成功最好，如果不行也沒關係」的態度。

追隨著別人的欲望，卻不知道自己要什麼？

不知不覺開始有「我庸俗（snob）嗎？」的疑問，這當中最令人感興趣的是社會學家金洪中教授的解釋。[29] 金洪中教授將庸俗主義與法國文學評論家勒內．吉拉爾（Rene Girard）的「欲望三角形」連結，欲望由主體——媒介——對象構成三角形，像著名小說的主角就是共同的媒介。金教授認為人的欲望其實是被困在他人欲望的三角形結構中，所以將「過度追求他人的欲望，不知道自己想要什麼的人」定義為庸俗。

我知道自己想要什麼嗎？現在我所知的欲望真的是我的欲望嗎？或者只是跟隨周遭的人盲從的結果？過去無數的自我開發書籍都提到我們應該如何才能更快獲得想要的東西，念好學校、進大企業就職、在職場中爬上高位、得到更多（當然是錢）、變得更有名。但工作了二十多年，很多人還是無法回答「在我的生活或工作上真正想要的是什麼？」或者乾脆迴避這個問題，認為這想法太奢侈了。

想著別人的欲望，當你沒有升職或者年薪不夠高時，就會失去生活的方向。即使成為高階管理人員，實現年薪過億等欲望，也會突然產生懷疑，開始問自己到底是為了什麼才走到這裡？在職場不再能夠保護我們的時代，我們必須追求自我發展，而重點就是**越早發現自己在生活和工作中的欲望越有利**。但該怎麼做呢？

首先要問自己，工作與專業對我有什麼意義？在日韓僑當中第一個成為東京大學正教授的姜尚仲認為，在過去保障工作到退休年齡，薪資也不用擔心的年代，也許可以不問工作的意義，但在當今這種不確定的時代，我們應該思考工作意味著什麼，我想透過工作改變什麼，或如何透過工作改變世界。[30] 答案可以從千禧世代的變化中發現。根據蓋洛普（一間以調查為基礎的全球績效管理諮詢公司）調查，千禧世代更願意在工作上尋找意義，而非只追求高年薪；比起對工作的滿意度，更重視目標和自我開發，希望自己能做出貢獻，而不只是單純的「工作」。[31]

我們必須坦誠面對自己，是否將晉升或加薪等手段作為目標？這樣說穿了，我的欲望其實只是別人的欲望。很多上班族說不知道自己真正想要的是什麼，也不知道自己真正喜歡什麼。更嚴重的是未給自己思考問題、回顧問題的時間。在行事曆上密密麻麻寫著與別人的會議，卻沒有安排與自己的會議時間；為了完成公司要求的提案書自願加班，卻不允許為自己花時間製作個人人生提案書。

我充分理解有些人除了工作還要忙家務，但是在社會逐漸朝重視工作與生活平衡的方向發展時，應該要感受到自己的重要性，**把時間精力花費在自己身上**。趁著還不算太遲之前，開始問問自己，真正想要的是什麼吧！

《就業的終結：你的未來不屬於任何公司》（*The End of Jobs*）一書作者泰勒・皮爾森（Taylor Pearson）在書中提醒，如果無法回答「我想要什麼？」就是想做別人做的事情，或者做別人指示的事情。一個不斷提問自己想做什麼的人才能創新。再問問自己吧，「我是想著別人欲望的庸俗之人嗎？」

喜歡的事可以當作職業嗎？

古典音樂或美術等藝術領域的學生，或是想成為歌手、演員而加入經紀公司的練習生，大部分都才十多歲。在藝術或表演領域發掘出才能的年紀，大約十多歲、最晚二十歲出頭是很自然的事，然而很多上班族到了三、四十歲，還是無法回答自己有什麼專長。不過這也見怪不怪，因為大多數人都是根據成績選擇大學和主修科目，再跟著同屆畢業生進入企業，在公司分配的部門工作，因此沒有機會問問自己有什麼專長和欲望。

再想一想，這樣是理所當然的嗎？像我們這樣的「普通人」不知道自己的專長，按照組織安排工作，這真的是理所當然的嗎？也許在過去，工作可以保障我一輩子無後顧之憂的生活，但現在不是。甚至還有人說，為尋找自己喜歡和擅長的事物而苦惱是不切實際的，所以歌唱、繪畫的才華並不只是天賦。每個人都有自己喜歡、擅長的事，在生活中可以發現屬於自己的使命（calling），但可惜的是大部分人都是從差不多的學校畢業、做類似的工作，沒有時間好好思考自己的才能。接下來我們來看看兩個從大企業出走，走出不同道路的例子。

放棄高薪工作，在舞蹈治療裡找到專業

朴宥美代表在大學畢業後，進入讓人稱羨的大企業工作，公司裡前後輩及同事都對她很好，工作環境也很棒，但不知為何她總感受不到幸福。關注教育和人的她，逐漸確定在業務部門處理數字的工作並不符合自己的個性。工作三年後，她偶然接觸到「舞蹈

心理治療」的領域，她感到興奮並積極投入，她發現與自己在大學主修心理學有交集，在經過一番苦思之後，她放棄了近四年的大企業工作，選擇轉職到這個領域，當時周圍的人都勸她不要衝動，畢竟也三十歲了。

但她還是決定離開公司，進入舞蹈心理諮商研究所就讀，累積了八年的諮商經驗後，創立了 MindFlow 公司，在韓國各地活躍。現在的收入雖然不如以前（當時任職的大企業在韓國以高年薪著稱），但是她對自己的生活感到百分之百的滿足。

首先，生活可以按照自己的時間安排，有更多時間可以與朋友和家人一起度過。不管遇到什麼人、發生什麼事，即使對自己的人生計劃苦思到深夜也不會感到壓力，對工作充滿著熱情。從幼稚園到大企業，她可以與各式各樣的人交流，透過工作將舞蹈和心理學連結在一起，創造屬於自己的專業，她很滿意自己現在的樣子。

我請她給苦惱著如何兼顧愛好和專長的人一些建議，她的回答非常實用，她說：「二十歲時做喜歡的事占百分之七十、做擅長的事占百分之三十，因為年輕時可以勇敢一點多做一些新的嘗試。但是過了三十五歲之後，就會被現實制約，這時擅長的事要占百分之七十、喜歡的事占百分之三十。」

在三十五歲之前找到自己的專業，這樣才能在相關領域累積十年左右的經驗，並在四十五歲左右成為專家。若是過了四十歲之後，才要進行新的嘗試，培養專業到成為專家之路就會比較難達到。因此我也建議大家，從學校畢業後十年內找到自己的專業，並在下一個十年（三十歲中後期至四十歲中後期）累積相關經驗成為專業者，這將會是未來生涯的重要趨勢。

在繪本領域裡，創造屬於自己的專業

同樣也是在大企業工作過十年的黃又珍，在進入公司三年後，開始思考「我有沒有成長？」她發現工作五年後，感覺並沒有累積什麼。她喜歡看書，在工作期間取得了閱讀指導師的資格，並持續在部落格寫文章。後來在某一次的展示會中，她被繪本吸引，二〇一二年第一個孩子誕生，她的繪本世界也擴張了，她開始以「說故事媽媽」的身分活躍著。

第二個孩子出生後，因為育兒的關係她思考是否要離職，以「由繪本開始的翻譯講座」為起點，走上翻譯家的道路。她在社區圖書館舉辦繪本聚會，從「大人看的繪本」這種全新的角度切入，現在是「繪本三十七度」的代表，並出版了《大人的繪本》。現在的她，除了育兒時間之外，可以自由地做想做的事，她覺得自己隨時都在成長。黃代表的例子可以帶給上班族什麼樣啟示呢？

第一、她還在企業上班時就開始問自己喜歡什麼並嘗試尋找，正是因為有了這樣的過程，才讓她得從職場出走，進入意想不到的繪本領域、創造屬於自己的專業，她把自己定義為「用繪本說話的人」或「繪本咖啡師」。

第二、離職之後的收入，比起在大企業時不但少而且不穩定。但是泰勒・皮爾森說過：「在這個時代，在穩定工作崗位上的人其實是在累積風險。」像黃又珍代表這樣在年輕時期甘冒風險，創造屬於自己專業的人，不正是主導性地管理風險嗎？上班族存在著五十歲時突然面臨薪資為零的風險，若像黃又珍代表一樣創造屬於自己的專業，或許收入沒有以前多、工作時間不規律，但薪資突然變成零的危險會少得多。很難想像身邊的上班族超過六十歲還在企業工作的樣子，但黃又珍代表到時依然是繪本咖啡師，可以想見她持續在自己的專業領域，繼續活躍的樣子。

第三、她曾說因為擁有繪本帶給她「動機」（motive），所以能持續充滿活力。她表示一定要有能累積自己想法的空間，不是指像臉書那樣展現給別人看的社群空間，而是像部落格這種平台，她會在看完書、參加過展示會後，把自己的想法寫在部落格上，這些文章日積月累都是豐富的寶藏。

每個人都可以是某種領域的專家，也就是說，我們都有屬於自己的專業性。及早發現的人可以用自己的專業延續職涯，而沒有發現的人只能在別人創造的職場中惶惶不安的度過。

人生中更多的機會和幸福感，會給願意思考自己真正喜歡什麼的人。我們再引用一下克里斯汀生的話：「我們儘管走錯行，還是忍耐過一天算一天。慢慢的我們向現實低頭，開始認為選擇自己真正喜愛的事去做，是種不切實際的想法。」現在正在讀這本書的你，也認為做自己喜歡的事，是種不切實際的想法嗎？

我有那種才能嗎？找出自己潛在能力

二〇一四年以《藥命俱樂部》（*Dallas Buyers Club*）拿下奧斯卡及金球獎最佳男主角獎的演員馬修．麥康納（Mathew McConaughey），在上大學之前根本不曾想過當演員。[32]甚至到十七歲為止，看過的電影只有《金鋼》和《大白鯊》而已。他在苦惱大學畢業後要不要繼續攻讀法律時，一個唸電影的朋友告訴他：「你真的具有把故事講得很有趣的才能」，於是馬修．麥康納開始思考，雖不知要站在「鏡頭前」（演員）還是「鏡頭後」（導演），但可以試試往電影方面發展，從而走出一條意想不到的路。

有時我們會自己發現自己的才能，但很多時候會**需要一個能了解我、客觀地看待我的人提供建議**。這裡所說的「客觀」有兩種意思，一是父母不把自己的期待加諸在子女身上，另一個是不會為了討好，能坦率地對我說出真話的人。有時，他們的一句話會讓我們獲得進行新挑戰的智慧和力量。

看了馬修．麥康納的故事，我想起在我第一份工作的時候，曾幾次聽到上司冷嘲熱諷的說：「你寫什麼文章啊？」也許只是玩笑，但當時讓我對寫作怯步，不再動筆。後來換了工作遇到的上司（全球製藥公司GILEAD代表李勝宇）偶然看到我寫的文章後非常喜歡，每當有相關業務時，他都會叫下屬職員來向我徵求意見（當時我並非高階管理人員，只是次長）。在與他討論過幾次，讓我又產生了寫文章的欲望，從那以後我出版了好幾本書，持續在報紙和雜誌上寫專欄，現在寫作已經成為我生活中不可或缺的重要欲望。

能遇到發現你的才能、帶給你力量並引導方向的人，這是人生中最大的幸運之一。同時我們也回過頭想，我是否也能在別人身上發現他獨有的優點，並真誠的傳達給對方？我是否有真正地關心別人？或是像我第一份工作因上司的話而畏懼寫作一樣，我有沒有對別人說過那樣的話？領導能力有很多種定義，但是能幫助一起工作的人，找出潛在能力是其中很重要的一點。羅伯特．西奧迪尼（Robert Cialdini）說過，有影響力的人會在別人身上找到自己喜歡的特點，並直接或間接地告訴對方。

再回到馬修．麥康納的故事，當他苦思之後打電話給父親表示想去讀電影學校，他的父親經過一陣長長的靜默後問：「那真的是你想做的事嗎？」馬修．麥康納說「是」，於是他父親說：「如果真的喜歡就不要隨便做。」鼓勵他去挑戰。我們在家庭、職場或社會上對某人說的話，也很可能會影響對方未來的方向。

仔細想一想。有沒有人真心告訴過我哪裡做得好？還是聽到那樣的話，卻不以為意，自嘲「我哪會寫什麼書……」請好好想一想，也許在人生的某一瞬間，有人對我說過那樣的話，不要錯過，要好好思考（所以我們需要獨處的時間並記錄）。同時要知道做什麼嘗試都是自己的責任，就算遇到伯樂發掘了我，如果自己不努力還是一樣不會得到美好的成果。

Thinking 4

我真的是為了自己的欲望而做，而不是為了別人嗎？

湖 這一章看完之後有什麼想法？

藍 或許與千禧世代不同，但三十多歲的我從小到大，無論是飲食或興趣活動、工作，似乎都沒有問過自己真正想要的是什麼，也沒想過要問自己這個問題。看了這章，我也思考了一下在生活和工作中想要的是什麼，但老實說我沒有頭緒。

湖 我們好像不會認真問自己為什麼要唸這個學校、去那家企業，常常都是因為周圍的大部分朋友都那樣做，所以我也跟著做。

藍 嗯，而且如果與大多數人的選擇不同，就會聽到「特例」或「自私」的批評。

湖 是啊，像我們這樣個人主義傾向低的國家，對個人取向或意見的關注或尊重自然也低。有一點需要注意的是，個人主義和利己主義的差別。利己主義是為了個人利益而損害其他人或團體的利益；但個人主義是即使是少數，個人意見和特性也會受到尊重。

不過慶幸的是，最近年輕的一代對這種狀況提出質疑並有不同的想法。在這裡我想問寶藍，不分領域，妳喜歡什麼呢？

藍 我喜歡什麼……書、咖啡、寫文章、旅行，上次說的計畫？還有大學時曾經想當老師，學生時期有一度對電影方面很有興趣。

湖 電影？

藍 我很喜歡電影。有一段時間曾想當製作人或導演，也拍過東西上過相關課程，當然現在沒有了。我覺得還不至於把它當成職業。

湖 哇，我完全不知道，那麼對電影有沒有什麼感到遺憾的？

藍 那倒沒有。總之也試過了。不過最近會有「拍點什麼上傳到 YouTube」的想法。

湖 過去近十年的公關工作、企劃、對電影的關心、YouTube 等，在界定自己是公關人之前，我們這樣一路談下來，妳想過自己到底想要什麼嗎？

藍 這個嘛……曾有過許多夢想而最後成為公關，過去十年我在工作方面覺得很有趣，不過和你一路談下來可以擴大找出兩個關鍵詞，訊息和企劃，但是在現代太常見了，好像沒什麼吸引力。

湖 既然妳已經發現了訊息和企劃這兩點，那麼這次就從另一個方向切入吧。妳有沒有特別感興趣的主題呢？

藍 嗯，我喜歡以真實故事為背景的記實報導或紀錄片。現在的工作是企業公關對外宣傳，但我對企業的社會責任CSR和組織文化很感興趣。現在的工作有些我很喜歡，可以與有自信的事情連結在一起，但有些又不是，老實說我目前還很混亂。

湖 是嗎。要找到專業的路可不好走啊，在某些方面可能比求職還難，妳應該不會這麼快就疲憊了吧？

藍 當然不會。只是不知道該從哪裡下手，有點混淆了。

湖 在對話過程中持續把想法寫下來是很重要的，寫在筆記本上的東西日後會成為重要的資料，如果只是在腦海中想，有一天需要做決定時就會找不到方向，但是如果把想法記錄下來，到了決定的時刻翻看之前的資料可以獲得新的洞見，以更寬闊的視野來做決定。說到這兒，今天回家的路上順道去書店挑一本喜歡的筆記本吧。

藍 太好了。我對文具本來就很有興趣，現在馬上就去。

第五章
在職場的盡頭發現專業

「在各方面順應職場生活，就這樣工作了十年，結果被診斷出甲狀腺機能亢進，即使吃藥也無法控制，早知道就『不要把工作看得太重，不能把人生全部押在工作上……』」

——上班族，三十五歲

Question 5

藍 鏘鏘！（舉起用紅色的筆記本）

湖 喔！買了新筆記本了。怎麼樣？寫了很多嗎？

藍 還沒寫很多，不過這段期間有空檔就把存在手機裡的隨筆重新整理記在筆記本上。好久沒手寫字了，感覺特別親切。

湖 很好。不知不覺今天已經是第五次對話。已經進行一半了。

藍 是啊，真快。對了，有那麼多星巴客，今天特地約在小公洞的這間咖啡廳是不是也有特別的理由？

湖 沒錯。小公洞正是我在獨立創業之前，最後一間公司的所在地。當時我就是在這間咖啡店與之前一起工作過的人事部專務見面。他當時五十歲離開公司自己創業，對我說了一句話：「職場的盡頭比想像中還早來到，所以年輕時就要做準備。」

藍 原來如此。那麼今天的主題是與離職有關的嗎？

湖 對，對在職場工作了近十年的你來說，應該多少都想過這問題吧：

我想如何結束職場生活？

藍 職場生活的結束，光是想到就覺得可怕，又有一點憂鬱。看著在宣傳組工作，因年紀大而辭職的前輩，心裡不禁會想：「總有一天我也會那樣離開吧……」不過倒是還沒有認真思考過。

湖 是啊，誰都可能會那樣。來看看第五章吧，我們需要思考的不是如何結束職場生活，而是我「想」怎麼結束。

今天一天好好生活的方法，就是不時拿出地圖查看。神經科學家、同時也是研究領導力的專家喬許・戴維斯（Josh Davis）建議，為了度過美好的一天，在行程中要不時辨識「決定點」（decision point），[33]但什麼是決定點呢？

我們常常在度過了一天之後，回想今天真是「忙得不可開交」。「忙得不可開交」是什麼意思呢？很多時候，一天大部分的行程都是在「無意識」下度過。那些熟悉的日常，例如公司的會議或報告，因此只要這種行程一出現，我們就會立即採取「自動模式」（就是之前所說的「反應」模式）。突然召開會議，會心想「看來又有什麼事了」，進去會議室互相說些陳腔濫調，然後結束會議。像這樣以自動模式完成一天的大部分行程，雖然過得非常忙碌，但回想起來似乎都是瞎忙，不知道今天做了什麼而感到空虛。

所謂**決定點就是在行程與行程之間抽出五分鐘，想想「今天最重要的工作是什麼？」**稍微調整自己的行程。在繁忙的行程中暫時跳脫，給自己幾個決定點，那是在自動模式下能夠獨立思考和決定的瞬間，為經常在無意識中度過的日常生活帶來有意義的小變化（我在星期天寫這一部分，原本決定今天最重要的工作就是寫稿。但是小睡一下起來後，就無意識地進入自動模式打開電視，但我在這個決定點想到今天最重要的事是寫稿，於是當機立斷來到咖啡店寫了四個小時的稿子）。

忙碌地度過了一天，卻發現沒做什麼真正有意義的事，如果就這樣工作直到退休會怎麼樣呢？在職場忙碌了近三十年，我到底是為了什麼而活的呢？想想真是令人沮喪。因此我們有必要每個月，或至少每季深入檢視一下這些決定點。公司的營業額通常會以週為單位進行檢視，而我們對自己的生活應該也要有這樣回顧的時間，希望看了這本書後，能讓那種瞎忙的感覺逐漸變得陌生。

哪怕是一年裡只有一天，也要擁有屬於自己的決定點，看看這一路是不是好好地走著？是否清楚明白人生中各種優先順序？在這裡想介紹給大家有幫助的書，阿圖．葛文德（Atul Gawande）的《凝視死亡：一位外科醫師對衰老與死亡的思索》（*Being Mortal: Medicine and What Matters in the End*）；或是首爾大學醫學院法醫系教授柳成真寫的《每週都去看屍體》。或許有讀者會生氣，「我的日子還很長，要我看那種書是要觸我霉頭嗎？」很多人一提到死亡就感到不舒服。但是「怎麼死」的問題和「怎麼活」一樣重要。死亡給我們的生活帶來特別的力量，會讓我們從更廣泛的脈絡來思考生命裡最重要的事。**職場的成就不是唯一，過好自己的人生才是必須優先考慮的事。**

曾聽過某位消防員分享，因為職業的關係隨時都要有犧牲生命的心理準備，所以他會儘量把今天過得有趣、有意義。我深有同感，提前思考終結與死亡，會縮小對時間的視野，讓我們明白其實時間並不多，就能更清晰地思考現在該做什麼樣的決策，該怎麼過生活。在合理範圍內不吝惜地吃想吃的東西，毫不遲疑地去想去的地方；想學什麼就學，嘗試新的挑戰。我們不應該只儲存現金，回憶也必須是「儲存」的對象。

看了這些書後，要不要試著為自己寫篇訃聞呢？假設我死後媒體會出現報導，或在臨死前回顧人生的話，最想念和最遺憾的部分是什麼？我人生中最難忘的十個場面是什麼？可以參考神經科專家兼以《錯把太太當帽子的人》（*The Man Who Mistook His Wife for a Hat*）一書而聞名的暢銷書作家奧利弗．薩克斯（Oriver Sacks），在死亡前寫的文章《My own life》。[34]想像自己的死亡並反思，從另一個角度來審視自己的生活，從不同的角度看待在職場與家庭間的平衡，重新檢視自己該做的事情和想做的事情。

如何過好生活和怎麼死一樣，都是必須深思的「不舒服」問題，所以我們一直迴避、拖延，但總有一天還是要面對，拿出地圖來檢視自己走到哪裡，這個過程就是為生活中雖然不舒服，但很重要的問題進行解答。

我會以什麼樣的面貌離開公司？

美國哥倫比亞大學內有個名叫「死亡實驗室」（Death Lab）的地方，死亡實驗室是從建築或環境學的角度，到社會宗教方向進行關於死亡的研究。我曾參觀由那個實驗室所策劃、在日本金澤市「二十一世紀美術館」展出的「死的民主化」展覽，那也是一九三二年尹奉吉義士在上海起義後被捕殉國的地方。

看展覽時，我想起了對死亡與各種結局的思考。我常對企業客戶的高階主管提出這樣的問題：「你想用什麼樣貌離開這家公司？」就算對才剛上任不久的執行長，我也會問同樣的問題。有人聽了會感到不知所措，這個聽起來讓人困惑的問題，對執行長或管理階層都具有重要的意義。

開始做專案時，我們其實已經提前規劃好結局，即專案的目的或結果。**先想結局，才能設定好方向執行**。但我們在職場生活或個人生活中，很少會事先預想結局，這裡指的並非是單純地想在十年後成為高階主管，或買房子這種未來計畫，這是一種收尾的概念，需要花點時間思考。

換個方式提問，「離開公司時，你想被如何記住？」離開公司時，人們對我的印象可能是各式各樣，但我自己想被記住的是哪部分？如果這個問題的答案能具體化，那麼在工作期間我就明確的知道，應該花比較多時間和精力在哪裡。就像是職場生活的指南針，當關於結局的藍圖越清晰，我們才能有個好的開始，前往正確的方向。[35]

這個想法還可以從離開「現在的公司」，擴大思考到「退休的時候」。我希望如何退休？想想這樣工作賺錢的生活會在什麼時候結束？那時的我會是什麼樣貌？是什麼狀況讓我停止經濟活動退休？退休又會與什麼樣的開始連結呢？

預想結局也可以套用在日常生活上。早上上班時，先想想到今天下班，我想如何結束這一天？晚上睡覺前希望是什麼樣的感覺？為了那種感覺，在今天我可以做些什麼？不管是對一天的日常、職場生活，甚至是人生，這種預想結局的思考越快、越具體、越頻繁，對現在的我越好。

設定好未來的目標，做好達標計劃

截止時間會帶來壓力，但同時也會達到督促及時完成工作的作用。專案通常會預先設定截止時間再開始，有人會從截止日起回推安排各階段的進度，並定期檢查。

除了工作，截止時間對上班族的成長有什麼意義呢？身為美國企業戰略顧問，有過多次總統大選和州長選舉競選顧問經歷的多利．克拉克（Dorie Clark）曾寫道：「從選舉戰略中，也有值得上班族參考的教訓。」[36]根據他的說法，美國政治人物在選舉結束後，會立即將下次選舉日訂為新的截止時間，然後重新規劃每個月的競選活動、預定達成目標等，在這段通常不算短的時間內，制定計畫確實執行。

克拉克表示，從競選活動中，上班族可以學習到的第一個經驗就是尋找明確的目標，例如晉升，然後規劃為了晉升去學習專業。不過我認為應該反過來。如前所述，晉升與其說是目標，我認為比較像手段。晉升不僅要靠自身的努力，還有很多變數。相較之下，**把學習專業作為目標，利用爭取晉升來豐富個人的專業性**。

有一個上班族原本在信用卡公司內負責設計客戶回饋專案，後來轉調到人事部門，負責業務變成為員工規劃福利措施。他將自己定義為「獎勵規劃師」，他並沒有將自己的目標侷限在公司安排的部門或崗位上，他為自己訂下想探索的主題，透過各種機會和角度體驗，構建屬於自己的專業領域。如果他將升職作為目標，應該就會留在原部門，而非調到完全沒有經驗的人事部，因為比起升職，他更著重找尋有助於增加自己專業性的經驗。

將升職設定為目標，職場生活必然會變得疲憊。更大的問題是，會把注意力放在戰勝競爭對手上，這樣就很難建立自己的專業性。相反地，以建立專業為目標而努力的話，實力增加的同時晉升的機會自然也會提高，即使沒有升職，也會因為具備專業而有比較多機會嘗試新事物。有了目標，就會尋找相關資源，思考學習充實自己，上網時會自然而然地蒐集關注領域的資料，不管是看講座影片，或與其他相關領域的專家面對面，積極鞏固自己的專業性。

製作自己的未來履歷

克拉克還建議，思考自己職涯結局、謀劃未來的好方法是做一份「未來履歷」。假設一位三十七歲的上班族，他在二十五歲進入職場，考慮在五十歲左右退休，現在正好處於職涯中間的年齡，若他想在四十五歲之前培養自己的專業，那麼就可以**回推思考規劃每年要體驗或學習的內容**。

對於從早到晚被開會、聚餐填滿，過著忙碌生活的上班族來說，長期想法有時會覺得奢侈。就如同《若無法過想過的生活，就從正在過的生活中去思考》這本書的主旨一樣[37]，有許多上班族就這樣過下去，直到離職或退休將屆時，才想到回頭看自己到底過了什麼樣的生活。所以不如在結束之前，預先思考自己想要什麼樣的生活，找間咖啡店，坐下來為自己擬一份未來履歷吧！

Side Note 7

預先做好退休的準備

「從你的經驗來看，如果我想在十年後退休，應該如何準備呢？」

坐在芬蘭赫爾辛基市內歷史悠久的坎普飯店的酒吧裡，我向前任顧問約瑪提出這個問題。他退休後與音樂教師的妻子住在赫爾辛基近郊的湖邊，養了兩隻貓，享受著平靜的生活。他聽了我的問題後，隨手在便條紙上一邊畫一邊說道。

首先建立以1.0和2.0的框架看待世界和自己的生活。1.0是現在的狀態，2.0是我認為理想的狀態。2.0的狀態一旦實現後，就會成為1.0，所以3.0的狀態不會出現。聽了他的話，我知道在思考退休前該做什麼之前，要先考慮退休後想過什麼樣的生活，但還是感覺很茫然，應該以什麼標準來考慮退休後的生活呢？

約瑪常使用「生態系統」（Ecosystem）一詞，我問他是什麼意思，他說這是對人類生活產生影響的周邊環境，例如芬蘭的湖泊多，湖泊對魚類來說就是一種生態系統。這種生態系統的概念可以幫助思考退休後的2.0狀態，於是我回到飯店房間思考了幾個生態系統。

首先是**專業**（Profession），也是這本書的核心。人們總覺得退休離開職場之後專業就會消失，但其實人們離開職場後若擁有專業反而能活得更久，因此要提前準備自己離開職場後也能做的事，等離開了之後再來創造專業就很難了。

第二是**人**（People）。在退休後希望與家人、朋友如何相處呢？想像退休後有時間與家人對話，這種想法在現實中不會經常發生。即使是家人，已經數十年沒有長時間聊天、相處，怎麼能因為我退休了，多了很多時間就可以隨時愉快地促膝長談呢？這種事平常就要練習，不要以為等到退休後我就有很多時間，「到時候」就可以與家人彌補過去的時光，應該要現在就開始一點一點的練習。

第三是**場所**（Place）。退休後要繼續住在原來的地方還是要搬家？要住在大都市還是小鄉村？退休後住的地方周圍希望是什麼樣的環境？希望可以與什麼樣的人交流？

第四是**玩樂**（Play）。退休後自己可利用的時間變多，許多人面對一下子多出很多時間會感到不知所措，不知該怎麼度過，所以之前說過要培養退休後的專業和興趣，在我們還在職場時就要知道自己對什麼關注、有熱情。

最後，約瑪要我寫下「倒置的原稿」（reverse manuscript）」（這個概念和之後出現的內部新聞稿相似）。也就是說，**具體地描繪出退休後的生活，再回過頭來思考應該先做些什麼**，這樣就可以很明確地知道該如何準備了。

上班族害怕退休，只有茫然的恐懼，卻不知如何準備。在今年結束之前，就試著描繪一下自己退休後想要的生活吧，不管你現在多大年紀。

從六大面向釐清自己的想做的事

有一次，客戶突然要我交專案的提案書，雖然有些唐突，但我將資料以新聞稿的整理形式提交過去。這份新聞稿形式的提案書，是從專案完成的未來角度回顧，分析進行過程中會遭遇的困難和克服方法，還有完成後呈現的樣貌。

這是我從美國加州帕洛奧圖（Palo Alto）的「未來研究所」（Institute for the Future）研習中得到的想法。在研習期間有一場案例研究，發表者分享了亞馬遜（Amazon）在推出創新產品或服務之前，會先提出「內部新聞稿」（internal press release），這是以顧客的觀點來看對這個新產品或新服務有什麼期待，在開發初期提出有助於明確定義新產品或新服務的內容。對於二十年前就在公關公司工作的我來說，對新聞稿非常熟悉，但在網路大量崛起的時代，新聞稿的價值卻不如從前，所以看到新聞稿居然被全球知名企業作為革新的工具，引起我很大的興趣。

Airbnb 的產品總監伊恩・麥卡利斯特（Ian McAllister）也曾就這些新聞稿的構成方法寫過文章[38]。現在就利用這些方法，為上班族製作一份新聞稿吧。

1. 頭條

假設要回顧這一年或離開現在的工作單位時，你會如何用一句話總結在這個職場得到的經驗呢？或者在二至三年內不久的將來，或五到十年後更長期的未來，對我來說最重要的專案、想達到的成果、希望成長的領域是什麼？想像一下完成之後新聞稿中的頭條吧，不需太長、只要兩行左右就好。

2. 副標題

在頭條的下一行寫副標題，共寫出三個。從想像的未來往回看，在過程中會成為焦點的三件事會是什麼？

3. 新聞稿的第一段

相當於重點說明頭條的內容，可以用新聞寫作的六何法（何人、何時、何地、何事、為何、如何）概括一下期間所取得的核心成就、感覺幸福的事。

4. 從未來的角度想像可能面臨的挑戰

與過去一樣，未來也會發生問題，從未來的角度來想像可能面臨的挑戰，再具體寫下我要如何克服，在過程中可以尋求誰的幫助等。

5. 新聞稿中常見的引用語

假設接受採訪回顧這一年，我會說什麼？這一年在某個領域成長、克服困難後得到了什麼啟示？如果採訪我周圍的人他們會說什麼？可以想像一下引用其他受訪者的說法。最後，整理一下思考期間內想強調的核心內容，整理成最後的段落。

6. 加入參考資料

以上是亞馬遜的內部新聞稿模式，但我覺得還可以再追加一項，就是「參考資料」。所謂的參考資料，就是從未來視角提前整理在職場生活中經歷的十大最佳體驗，這可以是在職場中取得的成就，也可以是好書閱讀心得、辛苦過後的慰勞旅行。

亞馬遜不管在內部新聞稿或其他模式時，都強調「逆向工作法」（working backward），也就是從客戶角度來看對產品或服務的期待。如果把這個應用到上班族身上，那麼就是站在別人的立場上思考，我能提供或取得什麼樣的影響和幫助。

如果擔心內部新聞稿寫不好該怎麼辦？麥卡利斯特說：「若是難於提前寫出的內部新聞稿，就代表這個新產品或新服務失敗的可能性很大。」如果很難寫出個人職涯的新聞稿，那就是對自己的職業欲望還不明確，當然就很難寫出屬於我的新聞稿了。

Thinking 5

我想怎樣結束職場生活？

湖　看過這一章之後，對自己的職場生活（非專業生活）要如何收尾有什麼想法嗎？

藍　嗯，老實說我從未認真想過，所以苦惱了一陣子，我有幾個想法寫在筆記本上了（打開筆記本）。在現階段我想像了幾種狀況。首先我目前三十五歲，在企業內部宣傳室工作，如果一直無法晉升為管理階層，就放棄工作，大概差不多會在四十五歲後離開；如果晉升成為管理人員，那應該就會一直工作到五十歲出頭。我當然希望晉升成管理人員，到五十五歲左右再離職。近來隨著企業社會責任的強化，出現了負責CSR的管理職位，所以我想如果可能的話，就在那個領域做到退休。另外一個領域是企業文化，不過目前這個領域的主管幾乎都是人事部門出身，所以對我來說恐怕比較困難。

湖　很好。就目前工作的公司妳已經想好了兩套劇本，還有其他想法嗎？

藍　有。還有一個劇本，雖然時間上來說可能要再久一點，但如果我升到次長，我打算離開公司回到以前工作過的公關公司去。因為在現在的公司裡只做自己公司的宣傳，如果到外面的公關公司就可以接觸到各式各樣的行業。還有我也想過可以跳槽到專門做有關ＣＳＲ或數位領域的公關公司，或與企業文化相關的公司。

如果是企業文化領域，我比較傾向跳槽到以組織文化為主的公司，而不是公關公司。如果我在公關公司擔任管理職，應該也可以工作到五十多歲，我也想那樣做。

目前我所想到的劇本大概是這幾個，如果和前面談的串連起來，不管用哪個劇本結束我的職場生活，我都希望以ＣＳＲ專家、組織文化專家、數位宣傳專家等身分，也就是具備個人專業的狀態畫下句點。在進行這些對話之前，我也茫然地認為，我這樣忙碌地工作，總有一天可以成為高階管理人員吧。但現在我更以某個領域的專業者身分來結束職場生活，我覺得自己變得不一樣了。

湖

妳點出了非常重要的一點。沒錯，想到職場生活的盡頭，通常會想像以「高階主管」的身分離開，不會想到我要擁有技術，也就是專業，即使不具備專業性只要成為高階管理人員就好。這部分妳已經掌握到重點了。

重新回到寶藍的劇本中，如果離開現在的組織，妳想做的工作也分為公關公司和組織文化領域的公司兩類。把自己的欲望和現在的工作連結起來思考，這一點很好。

那麼在下一章中，我們要擺脱職場這個框架，徹底想想屬於寶藍的專業。下次的對話會有更多需要思考的部分。

藍 好，我有心理準備，好像和賺錢有直接關係……在第一次對話中就曾約略提過，現在就繼續吧。

第六章

不靠公司，用自己的名字能賺得到錢嗎？

「雖然現在也當到組長了，但是如果離開這裡，我可能就得去超市當收銀員了……」

——上班族，三十九歲

Question 6

寶藍與阿湖來到國立現代美術館看展覽，結束後在陽光照耀的美術館咖啡廳對談。

藍 雖然公司離美術館很近，但平常都沒什麼時間來這裡。我很喜歡美術，上次在條列我喜歡的事物時說過，美術欣賞一定會列在其中。去旅行時也會到當地的美術館參觀，所以今天阿湖約我來這裡真是太開心了。

湖 太好了。今天約在美術館除了一起看展覽之外，與我們要談的也有關聯。今天的問題就是這個：

如果不依靠組織，我有什麼個人技能、專業可以賺錢？

藍 不過藝術與職業有什麼關係呢？

湖 藝術家雖然和一般上班族不一樣，但他們是在自己喜歡的領域，用自己的技術創造價值。出色的藝術家會超越藝術的觀點，從企業家和營銷角度來看自己的工作，這可以為上班族在思考自己的專業性時提供很好的建議。我們以為在職場這個組織中占據一個職位（職務），就是有價值，但你必須脫離那個組織和職務（並不是讓你離開公司，而是跳出來思考的意思），才會思考自己擁有的技能值是多少。這裡指的不是上班族的年薪，而是以身為專業者的身分來思考自己的「市場價值」。

有的歌手雖然很會唱歌，但是並未大紅，在很多選秀節目中登場，展現驚人歌唱實力的無名歌手也很多。在餐廳裡，擁有廚師證照、料理手藝又好，並不代表就一定會成功。在職場也一樣，工作表現很好但不成功的上班族也很多。

為什麼會這樣？研究網路理論聞名的巴拉巴西（Albert-Laszlo Barabasi）利用大數據分析成功，並給「成果」（performance）和「成功」（success）不同的定義[39]。成功是別人對我的成果的認知，例如雖然很會唱歌，但大眾感受不到魅力；自認可以把工作做得很好，但一起工作的上司和同事、屬下卻不這麼想，那麼離成功就還有一段距離。成果直接連結成功的領域只有體育，例如跑得最快的田徑選手、進球最多的足球選手，就是成功。成果和成功的不同定義，對於想成為專業者的上班族有什麼意義？

第一、就像藝人經營粉絲俱樂部一樣，在職場生活中我們也需要管理自己的評價。

傳播專家海里歐・佛瑞德・加西亞（Helio Fred Garcia）、約翰・杜立（John Doorley）把口碑看作是成果、行動和溝通的結合。也就是說，和我一起工作的人是否認為我的行動適當，我在傳達自己意見的同時，是否也傾聽別人的意見，而這些的重要性都不亞於成果。特別是犯錯時，能夠不隱瞞事實、透明地進行溝通，對於樹立可信的聲譽至關重要。在這本書中會強調專業性與領導力的關係，是因為成為專業者的評價，不僅來自個人技能，還有別人的看法也會帶來重要影響。

第二、必須有協助能力，換句話說就是「幫忙的技術」。取得成果後，人際網絡對成功會產生巨大影響。有的上班族會透過聚餐創造人際網絡，但真誠的人際網絡大部分還是始於提供幫助，因為今天幫了別人，來日有機會對方也會優先幫我。想想自己平時有什麼情況是可以提供幫助給同事？最可悲的是當有人請求幫助時，表現得百般煩躁並不給予幫助的人，就很難形成有效的人際網絡。但也不要把幫助想得太複雜，讓我們來思考一下，利用我目前擁有的經驗、資訊和知識、人脈可以提供什麼幫助？在這個過程中說不定就能發掘自己的專長，當我的專長對別人有幫助時，就會成為潛在可以銷售的技術（專業）。

第三、產能對成功的影響非常大。舉例來說，原本不會唱歌的人，不太可能一夕之間突然變得很會唱。巴拉巴西的研究小組發現，產能對成功的影響非常大，假設有人終其一生每個禮拜都買一張樂透，每一張樂透的中獎機率都一樣，但若是這個人在三十歲生日那週，特別買了三十張樂透，那麼當週的中獎機率就會比平常增加。

有研究小組曾對數千名科學家、發明家、藝術家和作家進行分析，發現他們推出所謂「人生最佳作品」的平均年齡為三十九歲，從這個結果來看，要成功最好在四十歲之前，不然就會更難。但是巴拉巴西的研究小組進一步分析，發現其實這與年齡無關，取決的是「產能」，**人們在產能最高的時候，成功的可能性最大**。也就是說，在締造人生最佳作品的時期，失敗的作品也會很多，這意思就是**我們要在自己的專業領域堅持不懈地創造成果**。

歌手尹鍾信創辦「月刊尹鍾信」的音樂企劃，數年來每個月都固定發表新曲，累積了可觀的數量，其中有暢銷曲，當然也不乏出現反應不佳的歌曲[40]。一些以寫書為目標的人，先在社群網站或部落格上寫文章，但常常有人會因為幾週點閱率低或按讚人數少而中途放棄。尹鍾信也說過，**力量來自存檔（archiving），即累積的結果**。不管上傳多少文章都沒什麼人看，這並不代表沒有寫作的才華，反而提示前進的方向：一，需要持續繼續寫作，吸引人們的注意；二，就算只有少部分的留言，也要找出有幫助的內容，必要時調整寫作風格；三，考慮是否更換寫作的平臺。

成就和成功有關聯但動力不同，在自己喜歡的領域工作，不斷創造成果。科學告訴我們，思考改善人們對成果的認知，是提高成功可能性最好的方法。

Side Note 8

要在乎別人的想法還是在意自己？

或許有人會提出這樣的問題，而這兩個都是答案，重點是要懂得區分什麼時候在乎自己、什麼時候在乎別人。

二〇一八年我在高麗大學開了一堂進行公關案例研究的課程，一個學期下來與學生產生了情誼，學期末時想送個小禮物給學生，苦惱了一陣子，最後送給學生每人一個簡單的包包，一面寫著「別人的認知就是你的現實」（Others' perception becomes your reality），另一面則寫了「不要在意別人的想法」（What other people think about you is none of your damm business）。人生在世，這兩種態度都必須具備。

為了找尋內心的欲望，要先把注意力集中在自己身上，對別人就需要「與我無關」的態度。相反地，在職場工作，創造自己的專業性時，需注意「別人的意識」。這本書中所說的專業性，必須先坦誠自己的欲望，找到對別人有價值，並能讓我賺到錢的技術。我的欲望（對自己坦率）和我的評價（別人對我或個人專業的看法）都非常重要，與其問應該把心思放在哪一個上面，最重要的是你要知道什麼時候該把心思放在哪裡。

寫出打造個人品牌的「6E履歷」

個人品牌化的時代，首先要具體定義個人的專業性才能發展品牌。要找出自己的專業，需要製作結構化的履歷，而不是只記錄待過什麼公司、做過什麼職務的條列式履歷。我也是在找尋自己專業而苦惱時，得到前輩和其他專家的建議。這種履歷整理下來，可以發現以E開頭的六項重點，所以我稱為「6E履歷」，在研討會或諮詢時經常使用。如果說舊有的履歷只是整理過去的經歷，那麼「6E履歷」就**有助於發掘專業性，為未來做準備**。

1. 經驗（Experiences）

並不只是單純的曾在哪間公司做過什麼職務，要具體記錄下我實際執行過的項目。這個部分需要充分的時間回憶，想到就隨時修改或增減。要回想我在各個項目中做出的貢獻或得到什麼積極的反饋，越詳細越有助於發現專業性。

2. 專業知識（Expertise）

這是最重要的一項。在回想做過的項目時問問自己，過程中雖然辛苦，但還是覺得有趣的部分是什麼？對結果特別滿意的項目是什麼？經營學者，同時也是組織開發理論專家的大衛・庫柏里德（David Cooperrider）教授，將此稱為「高峰經驗」（Peak experience），他根據組織開發方法論制定的「肯定式探詢」（Appreciative Inquiry）就是為了發掘這種經驗。為了找出專業性，我們需要單獨審視自己經歷中的最佳經驗。

舉例來說，我在三十多歲時在企業傳播溝通領域工作，起初只想成為最好的諮詢員和顧問。但是回顧過去，我發現自己最享受、覺得最有趣，而且從客戶那裡得到最好反饋的，是協助客戶改進溝通交流的項目。於是我找到了適合我的職業欲望，也知道客戶如何看待我的工作價值，最後將我的專業性定位在領導力和組織、危機管理等領域的指導顧問（「諮詢」是幫客戶解答問題，而「指導顧問」是透過提問和對話幫助顧客自行尋找解決方案）和促進者（facilitation），於是成立公司發展至今。在確定自己的專業性後，就會找到塑造品牌化的機會。

回想過去一年你發出了幾張名片？如果有一百張，就表示有一百個向別人介紹自己的機會。你遞出名片時是不是只會說〇〇公司、〇〇部門、〇〇職務而已？現在試著在你掏出名片時，順道介紹你的專業吧。每年介紹一百次自己專業的上班族，代表他已經開始行銷自己了，他的未來會與一般拿出名片只會報公司或部門的人不同，因為**明確知道自己的專業領域，自然而然會為了增加專業性而努力**。先整理一下過去的經驗，再想想要如何向別人介紹我的專業，「行銷專家」在韓國可是數不勝數呢。

3. 證據（Evidence）

為了體現專業性，必須有能夠證明的經歷。這個部分要反過來重新審視經驗清單，選擇最能證明自己專業性的經歷，以此為基礎可以有兩種選擇，如果可以支持專業性的成果很多，可以思考如何差異化；如果是相反的狀況，就要想想該如何強化。

4. 努力（Effort）/ 教育（Education）

這不是單純指大學的主修，我們要仔細檢視為了加強專業性需付出什麼努力、進行什麼訓練或接受教育。在當今學位氾濫的時代，與其帶著不安的心情考研究所，不如尋找能夠加強專業性的課程或與尋求專家的幫助，持續掌握專業領域的新資訊，這樣才更有效益。經過這一個過程，日後自然而然會隨時督促自己進步。

5. 推薦（Endorser）

有沒有人公開支持或推薦我的專業？如果身邊沒有這樣的人很容易會感到洩氣。我們在公司升職，負責重要項目，除了本身能力之外還要有人推薦和肯定。在公司工作期間發掘自己的專業性，並計劃未來獨立的人，獲得重要項目的機會時，會採取更積極的態度，因為每一個項目都會為自己累積專業性評價。

6. 交換（Exchange）

這是在寫這本書時新增的。從某種角度看，這也是上班族轉型為專業者的過程中，最基本也是最重要的。六E履歷的製作是為了具體定義專業性，在創造專業時還需加入一個修飾語，就是「可以用錢交換」的專業。從公關公司平凡的員工到代理、課長、次長、部長，在工作期間我想成為「擅長公關的人」。但是再往上升成為代表的過程中，我學到一個重要概念，「擅長公關的人」和「透過公關賺錢的人」不一定相同。經營者應該成為「利用公關技術進行商務活動的人」，即「能賺錢的人」。這個角色我不一定喜歡，但是卻為我離開公司後維持生計提供重要的訓練。再回顧前面提到的五個E，上班族會問，我擁有的專業性、個人技能中，能用金錢交換的是什麼？如果現在還沒有，那麼在從上班族轉換為專業者的過程中一定要找到。

舉例來說，有「組長經驗」可以成為轉職時談薪水的基準。但「組長經驗」並非可以立刻換取金錢的技術，如果能指導其他人，讓他們把團隊帶領地更出色，取得更好的成果，這將成為可以換取金錢的技術。這個意思是想將「組長經驗」成為換取金錢的技術的人，不會只獨善其身做個好組長而已，而是會努力讓自己組內的職員也成長成為另一個組長，這樣在職場內也可以創造良好的升遷平臺。

在企業中負責廣告的人，有多少人能同時掌握廣告概念、寫文案、製作廣告呢？「僱用廣告公司製作廣告」並不是個有銷售價值的技術。但是有人在企業評選廣告公司時，會思考該以什麼標準才能選出最好的廣告公司，自己也會不斷學習。我認識一個原本從事廣告業務，後來獨自創業變成專門為企業評選廣告公司，也就是說**在職場工作期**

間若能創造自己的技能，日後那個技能就會成為可以賺錢的專業。在公司進行新進員工教育訓練時，有位職員還利用這種機會訓練自己成為講師，培養出能「賺錢的專業」。

有人寫企劃書和報告時，總是套用前輩的格式，只是把某些詞句換掉而已；也有人是「企劃案和報告非要這樣寫嗎？能不能試試別的方法？」。會這樣提問就是想將寫企劃案或報告的工作，創造成為可賺錢的技術的起點。這樣說也許有人會反駁，「公司有規定我們要照做，所以想改也沒用」，但真想要創造機會的人，哪怕只是改一小部分，也會努力嘗試，為自己建立基礎。

專家的英文是「Professional」，縮寫「Pro」，足球、棒球有所謂的「Pro」，在職場和職業的世界裡，是否也有具備可以換取金錢技術的「Pro」呢？無法換取金錢的專業性，只能停留在興趣領域。當在職場內我的名字成為品牌時，人們會選擇「我」這個品牌嗎？6E的最後一項「交換」最終是價值的交換，是上班族自我品牌化的核心要素。

若想撰寫6E履歷，有個推薦的社群網路平臺，就是Linkedin（領英）。為了製作Linked in Profile，必須用一句話來表達自己的專業性，並附上經歷和接受過的訓練，不僅如此，為了將專業性品牌化，可以再加入補充訊息豐富你的履歷，最後再放上曾一起同事過的人們寫的推薦文。現在就利用 6E 履歷的概念填寫一份 Linked in Profile 吧，最重要的是要踏出第一步。

我們都擔心有一天我的名片會消失，因為只依附公司和負責的職務，那何不從現在開始製作自己的 6E 履歷？6E 履歷是以專業性為中心，可以成為檢視自我、思考該如何準備的優秀工具，先建立一個能代表我的專業性、專業領域，投入時間、金錢和努力。幾年過後，當人們提到那個領域時自然會想起我，因為最厲害的名片不是高階的職位，而是可以換取金錢的專業性，還在職場的你，現在就開始培養專業性吧！

Side Note 9 Soomgo、Kmong、Keeper 測試

我可以銷售的個人技能是什麼？在韓國我建議可以利用「Soomgo、Kmong 測試」，Soomgo（soomgo.com）與 Kmong（kmong.com）這兩個網站都是自由工作者註冊自己可以出售的技術後，將這些技術與需要的人媒合的服務。

Soomgo、Kmong 測試

我在寫這本書期間，正好要為我公司的官網進行重整工作，剛開始利用 soomgo 找了製作網站平臺的專家進行了工作。這個網站有把自己註冊　專家的功能，領域多種多樣。Kmong 是設計師、程式設計、專案製作、行銷、翻譯、文書、就業、商業顧問、運勢、諮商、各種課程、實務教育、客製化訂製、廣告看板、印刷等類別；Soomgo 有教育、家居、活動、商業、設計、開發、健康美容、兼職、其他等類別。

Soomgo、Kmong 測試是假設要在這種網站上，登錄自己的專長，會填寫什麼？又會如何呈現？先不要管網站上所列的類別，只要想自己有什麼可以銷售的專業就好，並非要你現在立刻成為自由工作者，也不是現在馬上要在網站上登錄，但在這種網站上看可以得到建立專業的靈感，在英語圈也有類似的社交網路工具，叫 Freelancer.com。

Keeper Test（留任測試）

一九九七年從 DVD 租賃事業開始，成長成世界最大的 OTT（Over the top，透過網路提供電影或廣播等內容的服務）企業的 Netflix，以獨特而開放的組織文化吸引了許多關注，其中內部有個「留任測試」（Keeper Test）。經理人在判斷職員去留時會假設「如果我們團隊的某位職員想到離開 Netflix 去別的公司，經理人會花多少努力地留住他。」

如果該名職員沒能透過這場留任測試，Netflix 反而會準備「豐厚的資遣費」（以他們的表現方式叫「Generous severance package」）立刻（按照他們的說法是「鄭重地」）叫他離開，並馬上找到更優秀的人來接替位置。因為他們相信，這樣可以找到最優秀的人才組成「夢幻團隊」，打造最佳職場環境。在 Netflix 內部，職員甚至會將這個問題反問自己的主管，以了解自己在組織內得到什麼樣的評價。

是否該離職靠專業賺錢呢？

四十五歲的A在四年前離開公司自立門戶，經營一人公司。他過去曾待過國內大企業及外商公司的行銷及營業部門，也擔任過中小規模的顧問公司行銷顧問，然後才離職創業。他為什麼要離職創業？有二個原因。

第一、離開公司時（當時四十歲出頭），曾考慮過要不要去國內其他大企業，但仔細想想，如果去了工作表現好、運氣也好的話，到四十五歲之後應該會成為高階主管，那麼再做幾年就要退休。心想就算重新回到更大的組織內，也做不了幾年。

第二、從大企業轉到中小企業時一直擔任決策者，如果再回到大企業，層層的決策結構和複雜的組織文化必然讓人覺得非常鬱悶，這也是他以前與大企業客戶合作時感受到的。最重要的是，比起「客戶和市場想要什麼」，更難適應「我的老闆想要什麼」的文化，畢竟已經四十歲了，希望可以在自己也能發聲的環境中工作。A其實原本未打算自己創業，但看到周圍的人的例子，他也受到了刺激，於是最後決定創業，或許這樣會更努力賺錢吧。

獨立創業之後收入如何？把五年前的工作收入和現在的收入相比較可能有些不妥，

在過去四年中，有二年的收入比之前多，另外二年則比以前的收入少。由於收入不均，穩定性必然下降。但在談到對生活的滿意度時，他表示：「金錢固然重要，但家庭更珍貴。」創業後，與三個孩子旅行或在一起的時間增加了。現在除了週末之外，平日也有比較多時間與家人一起共度，光這一點就提高了他對生活的滿意度。

那麼，現在對自己職業生涯的滿意度如何呢？他認為商品在確定品牌一致性後就要遵循進行，但職涯不是商品，不能完全依循一致性走下去。他認為本人職涯的一致性是「品牌行銷顧問」，但隨著工作接觸到其他領域，很自然就與最初設定不一樣了，不過這個部分因人而異。聽了他的故事，讓我想起加拿大的經營學家亨利·明茲伯格（Henry Mintzberg）提出的「應變型策略」（emergent strategy）。

像A的例子，雖然有成為行銷顧問的「計畫型策略」（deliberate strategy），但是偶然有意外的機會降臨，必須先以應變型策略站穩腳步才行。從應變型策略也被稱為「實現型戰略」（realized strategy），在實際職業生涯中，我們經常遇到這種狀況。我剛開始到公關公司工作時，完全沒有想過要成為領導力及組織交流領域的顧問，但是在偶然的機會下接觸到，產生興趣並接受訓練，在為客戶提供的服務得到肯定後，自然就成為我「能賺錢」的創新戰略。

我請A給上班族一些建議，A這樣回答。

第一、他四十出頭歲時離開公司出來創業，但在當上班族時完全沒有想過有這麼一天，現在回想起來，如果當時早知道自己會創業，「在公司上班時心態或許會不一樣」。在大企業時主管常說：「品牌經理是用公司的錢做自己的事業。」當時不懂什麼意思，但現在想起來覺得那句話很對。

第二、在職場中經驗過的「手段」，在離職創業後會成為「個人技能」來賺錢。他在公司裡參與過「焦點團體訪談」（FGI），因為當時不是他的主要業務，所以沒那麼重視。但是創業之後發現，從組織裡學到的經驗成為現在創造營收的技能，他認為**在工作期間學習新事物，並把它變成自己的工具非常重要**。

最終獨立創業的話，之前在職場生活中建立的人際關係，會直接或間接地產生影響。A也強調，**無論以後是否有自己的事業，職場人際關係都很重要**，而A在最近一年也每週兩天，到之前待過的中小企業顧問公司工作，成為「兼職上班族」。他自己的事業也正在試驗一種獨立「多功能」模式，如果他以前在職場的人際關係不好或得不到信任，這是不可能進行的。

最後，他表示在公司做的事情並非總是很有趣，但重要的是**要把職場經驗變成自己的東西**，帶著「拿錢學習」或「為以後的事業打下基礎」的想法來工作。

Side Note 10

用六個單詞創造自己的「皮克斯簡報」

「如果妳第一份工作進入跨國大企業，我就買名牌包送妳！」這是柳妍絲代表的朋友在她大學剛畢業找工作時對她說的話。畢業於韓國國內大學的她，沒有工作經驗就去應徵跨國企業，受到接連失敗挫折，但是最終她進入了富士（FUJIFILM）的新加坡分公司，後來又到 SAP、谷歌等企業工作，最後在加拿大成立了 Upfly 公司，發揮自己的經驗，為想在海外就業的韓國人提供諮詢和進修服務。她在 Upfly 的官網上寫著「Helping Korean professionals pursue international career.」任誰看了都能馬上明白這間公司的業務。十多年來到處闖盪，在全球市場積累職業生涯的柳代表，要向與自己一樣想在海外累積經驗的人傳授方法，她就是從工作經驗中找到屬於自己的專業性，並進行品牌化的成功範例。

丹尼爾．平克（Daniel pink）在《未來在等待的銷售人才》（*To Sell is Human*）一書中介紹了「皮克斯簡報」（Pixar Pitch）概念，這是曾任皮克斯動畫故事開發的愛瑪．科茨（Emma Coats）所創造的方式。皮克斯動畫工作室創造的所有故事有共同的構成公式，由六個單詞組成（很久很久以前／每一天／有一天／因為那樣／因為那樣／最後），接下來就用《海底總動員》來舉例說明。

「**很久很久以前**，海底住著一對小丑魚父子馬林與尼莫，**每一天**馬林都告誡尼莫大海很危險，千萬不要離開太遠。**有一天**，尼莫為了反抗過度保護的父親，獨自游到陌生的海域。**因為那樣**，他被潛水夫逮到，並且困在雪梨一位牙醫師的魚缸裡成了寵物魚。**因為那樣**，馬林踏上了尋找尼莫的冒險旅程，一路上得到許多海洋朋友的幫助。**最後**，馬林終於找到尼莫，父子重新學會對彼此的愛與信任。」我們也可以運用這個公式來創造自己的專業，建立自我品牌。接下來就用柳妍絲代表的例子來試試看。

「**很久很久以前**，有一個想在國外大企業求職的韓國人柳妍絲，**每一天**，她都因為缺乏正確的資訊和建議，只能憑著發送數百張履歷投石問路，經歷了不少失敗和失望才成功。**有一天**，她心想自己十年來的經歷也許對有同樣苦惱的人會有幫助。**因為那樣**她創立了Upfly公司，為想在海外企業求職的人提供幫助。許多人在她的協助下，不僅在亞洲，連在歐美地區也成功就業，累積自己的國際經驗和專業。**因為那樣**，她把在海外就業時經歷的很多失誤或失敗經驗分析提供給客戶，讓她的客戶可以減少失誤，還可以縮短就業所需的時間。**最後**，客戶不僅成功就業，柳代表也擴大發揮自己的專業，並拓展到加拿大創造成功的事業。」

現在輪到各位了，試著活用這六個單詞來創造屬於自己的「皮克斯簡報」吧。

Thinking 6

我有什麼個人技能或專業，能不依靠公司賺到錢？

藍 在這一章「留任測試」的部分，我停頓了一下。心想如果我向主管提出那種問題，會得到什麼解答？啊，結果根本不敢繼續想，可能會吃不下飯……。

湖 是啊，會讓人很緊張的問題對吧。我最初看到時也有類似的感覺。來，上次提到在職場這個框架下思考如何創造專業，今天就根據寶藍擁有或想培養的個人技能來想一想吧。上次你說過想成為在CSR或在企業文化方面的專家對吧。先不管現在薪水，假設妳打算到像現在的公司或其他企業提供CSR相關服務，妳覺得他們會付多少錢呢？

藍 這個嘛……我要先想一想有什麼可以提供的。雖然做過CSR業務，但我沒想過自己現有的知識和技能是否夠專業到可以賺錢，在企業文化領域也一樣。以前待的公司所提供的服務是以小時計價，不過那是在公司的時候，現在人們只看我的名字就會掏出那麼多錢嗎？我沒什麼自信……

湖 好吧。用「付多少錢？」好像不太適合，換個問題。妳覺得妳擁有的技能中，有什麼是可以換取金錢的？

藍 可以銷售的技能啊……首先是從以前在公關公司到現在這間公司中做過CSR相關的專案，我的企劃曾被客戶及上司採納、實行過。

湖 那今天就集中在CSR領域思考吧。假設五年後妳工作的單位要做一個與CSR有關的專案，要先建立一個特別工作小組，為了讓寶藍的名字優先出現在名單中，可以先做些什麼呢？

藍 在第六章中介紹的個人品牌化讓我印象深刻，所以我有寫了一些想法，像是「ISO26000」，這是國際標準組織針對企業社會責任開發的認證標準，我想重新好好學習關於這個認證的一切。另外，我發現網路上提供不少CSR的專業課程，雖然英語不是很好，但就當作同時學英語，我想多找一些課程來聽，目前正在尋找適合我的線上課程。另外因為公關工作的關係，我對採訪也很感興趣，我想試著拜訪一些國內專家尋求建議，海外就用電子郵件聯繫。

湖 都是很好的想法，接受教育課程、採訪專家都有助於打造個人品牌。那目前在公司裡又有什麼可以嘗試的呢？

藍：我想可以整理一下我學到的CSR資訊，寫文章投稿到內部社報。另外，我們公司內也會不分部門，舉辦像TED演講一樣簡短發表的活動，我覺得可以申請發表CSR。

湖：很好，這樣就可以對公司內部的人宣傳妳的專業。來，那如果要向外界宣傳，可以怎麼做？

藍：我想可以在分享文章的平臺上，發表一些關於CSR的想法。

湖：很不錯的方法。妳以前不是對電影也很有興趣，有沒有想到什麼跟CSR有關聯？

藍：啊，像電影《永不妥協》（*Erin Brockovich*）、《驚爆內幕》（*The Insider*）、《黑水風暴》（*Dark Waters*），還有紀錄片《安隆風暴》（*Enron：The Smartest Guys In The Room*）都讓我印象深刻。我覺得可以挑選反映企業社會責任的電影，進行分析和影評，或許也可以製作有關CSR的影片上傳到YouTube。

湖：是啊，CSR的專家很多，但是有多少人會透過電影分析來談CSR呢？就是像這樣尋找一些可以串連的焦點，創造出屬於自己的專業性。

藍：這樣想來，要把CSR打造成我的專業品牌好像有很多事可以做，剛開始有點茫然，現在越來越清晰了，我還可以把之前做過關於ＣＳＲ業務的相關資料整理好，製作成我的檔案，在部落格上介紹。

湖 還有一個管道，將自己的檔案放在分享專業內容的平臺上也不錯，可以讓更多人看到，很多上班族都會在上面發表文章。為了打造自己的專業領域，寫作和建立自己的檔案庫是必須的，不管拍影片、寫文章都是宣傳自己專業很好的手段。

藍 哇，說不定以後我還能出書呢！但那是在我的專業技能夠豐富之後的事，現在我的知識和經驗還有很多不足。

湖 加油。方向明確就是很好的階段性成果。今天第一部結束了，接下來要進入第二部，讓我們一起思考上班族要成為專業者該如何學習和成長吧。

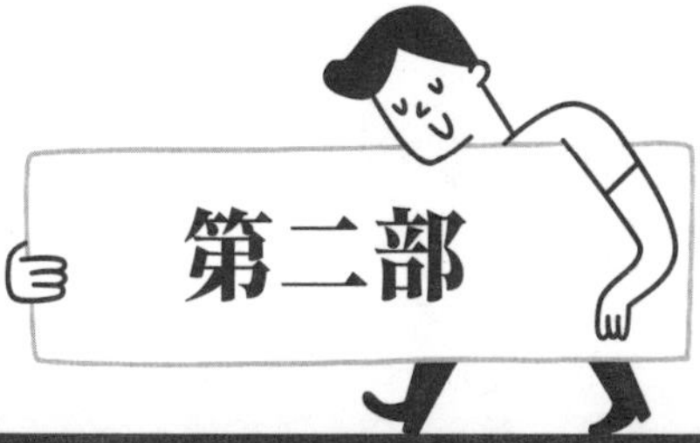

寫給專業者的職場使用說明書

第七章

唸研究所不如自我學習，獲得認證不如自我成長

「我最近對學習有很大的興趣。想要長期工作，如果不自我加強，似乎很難在職場生存下去，因此我想加強英語會話，還想多了解設計領域……對學習的欲望似乎越來越大了。」

——設計師，三十歲

Question 7

湖 這裡！

藍 沒想到你會約我在梨泰院咖啡廳見面。這個「MAXIM」是父母那個年代有名的咖啡品牌，在這裡讀書的人好多啊。

湖 嗯，我在寫這本書的最後階段時常到這裡來，這裡有大又長的桌子，看書或工作都很舒服，地下室還有個空間叫「Library」。今天聊學習的話題，所以就約在這個地方見面。這回的問題是這個：

我是為了讓專業成長而學習，而非為了戰勝競爭對手？

藍 這樣看來每次場所都與對話主題有關聯。

湖 沒錯。每次在不同的場所也會產生新的想法。

藍 老實說我在工作時，常出現要不要考研究所的想法。

湖 我認為很多上班族是為學位而去考研究所，這一點值得注意。就像上回和這次妳為自己制定的計劃一樣，自動自發的學習，將所學歸納整理很重要，接下來就看看這一章，思考到底是為了什麼而學習的吧。

隨著年齡增長，職場經驗逐漸累積，上班族開始實施兩種策略。借用美國「神經領導力協會」（NeuroLeadership Institute）的說法，一個是「證明」（proving），另一個是「改善」（improving）。

- **證明（proving）**：目標是證明自己在職場中比別人強。這種人認為職場結構是晉升和淘汰，即「非贏即輸」只有 win、lose 兩種結果，所以必須採取競爭態度。
- **改善（improving）**：比起一心在競爭中戰勝別人，更集中在成為所屬領域的專家。

我們在心理上要區分是無條件戰勝他人的競爭態度，還是更為在意是否朝自己的目標前進，這就是一種「成就指向型」態度。也可以參考在第一章提到的成果目標，即可與「證明」連結；而向上目標，就與「改善」有關。

比起以競爭態度證明自己的人，以「成就指向」改善自我的上班族具備更好的競爭力，因為選擇競爭的人其實是要證明自己沒有什麼可以再改善，已經達到極限了。所以顯然可見，離開組織後哪一種人以自己的專業繼續活躍的可能性比較大呢？心理學家卡蘿・杜威克（Carol Dweck）把前者稱為「固定型思維模式」（fixed mindset），後者稱為「成長型思維模式」（growth mindset）。[41]

接下來就說明兩者在職場中的差異。

第一、想要證明的人，在職場中會時時指導後輩，不管對方有沒有要求，都會想證明自己有能力。相反地，想改善的人，在後輩提出要求時才會積極指導，不過平時他會常常向前輩或同事學習，甚至也會向後輩請益，面對後輩的態度可以明顯看出兩者的差異。想證明自己的人會積極展現「我知道的比你多」，用帶有自我防衛意味的方式反問對方：「你知道這個嗎？（＝你不知道這個吧）」。想改善自我的人則熱衷向對方學習，提問的態度也會比較謙虛，「如果重來一遍，有哪些地方可以改善呢？」我認為這兩種提問方式，其實也有不同的品格問題。

第二、想證明自己的人只會停留在熟悉的領域，因為那是證明自己的安全領域，到一個新的領域就很難證明自己了。相反地，想改善自我的人對新領域充滿好奇，因為他知道自己累積了一定程度的經驗和知識，可以嘗試與新領域的知識串連，取得創造性地成長。

第三、想證明自己的人會不停地工作，上司沒休假絕不敢休，因為他要證明自己很努力工作。想改善自我的人則會充分運用自己的休息時間，因為偶爾停下腳步跳脫忙碌的職場，回顧檢視自己很重要。在愛迪達（Adidas）工作了二十九年，晉升為全球十位品牌總監之一的愛迪達韓國分公司副社長姜亨根，將休息定義為「為創新工作而充電的技術」。他二十九年來每天只要到六點就準時下班，把下班後的時間留給自己思考，反問自己比昨天、比去年進步了多少。[42]

若選擇證明自己的上班族，到了四十五歲之後突然想嘗試改善自我會很不容易，若能在三十歲就發現會比較容易，也可以超越工作職場將視野擴大到整個業界，從思考想要實現的成就目標開始，證明戰略雖不一定能達到改善效果，但改善後的成就終將得到證明。

這一章講的是關於上班族自我成長學習，先讓我們來了解一下競爭和成就的差異。

與其抱著競爭心態，不如爭取成就

在職場生活中，我是在競爭（Competition）還是爭取成就（Achievement）？過去我並未特別注意這兩者的差異，因為透過競爭取得成就，在實現成就的過程中必定會有競爭。但是接觸了領導力及組織診斷教育後，才領悟到兩者的差異，重新思考對上班族的意義。[43]

常聽人說「要培養競爭力」，對外要跟其他公司競爭，對內要與同事、前後輩，甚至部門競爭。在這樣的競爭中獲勝也會得到成就感，不過競爭和成就到底有什麼區別呢？

競爭是把自己的價值放在贏過對手。根據數十年觀察的心得，通常將價值放在贏得勝利的人往往具有攻擊傾向，渴望他人的認同與稱讚，這種人害怕失敗，容易扭曲對目標的定義，也就是如前面所說，把晉升或提高年薪等「手段」當作是自己生活的「目標」。相反地，**有成就傾向的人會把重點放在想達到的目標上**，不僅是別人賦予的目標，更會為了達到自己設定的標準而努力。

現在就來說明為什麼要把競爭和成就區分開來，還有把精力放在成就上的重要性，就像之前比喻的，職場是我的「存摺」，我的專業是「現金」。過去老一輩的模式是，工作了一輩子，用賺來的錢付孩子的學費、當結婚基金，以及自己退休後的生活費。但現在退休年齡有逐漸下降的走向，將來正職員工是會增加還是減少？考慮到第四次產業革命等趨勢，企業逐漸減少正職員工編制是不可避免的，以競爭心態工作的人為了往上爬，在狹窄的梯子上全力奔跑。陷入熱烈競爭的人，會比把時間精力花在提高自身專業的人更容易被上司注意，也更容易陷入貶低對手、頻繁聚餐等過度的「職場政治」的危險中。相反地，重視成就的人對於想在哪個領域成為專業者，有自己的想法、會樹立自己的標準，並努力實現目標。比起內部競爭，這些人更關注外部訊息，尤其是那些走在專業領域前方的人，他們會透過管道交流，尋找學習成長的道路。

在這種成就過程中自然會展開競爭，但以成就為重心的人比起贏過別人，更致力於達成自己立下的基準，在這個過程中會建立自己的專業性，創造堅固的實力。以競爭為重的人一旦失敗就會感到憤怒，將自己的失敗合理化、貶低對手，因為他們無法從失敗中學習，這些上班族不斷競爭只為證明自己，壓力自然很大。但是具成就傾向的人，即使在競爭中輸了也能從過程中學習，這類型的人不會被侷限在組織裡，他們即使離開公司也能在其他地方找到發揮的舞臺，甚至獨立創業，以自己的專業性復活。

偶爾停下來回顧一下職場生活中的自己，是不是每天過於集中在競爭上？在競爭之前專業性已經達到一定水準了嗎？在職業欲望中有想要成長的領域嗎？為此正在努力累積經驗嗎？**存摺（職場）很多，但裡面都沒有現金（專業）是沒有用的**。同樣地，工作資歷再久，若不能累積自己的專業性，不僅在職場，連離職後的生活也無法保障。因此從現在開始要知道，**比起競爭你更應該注重自我成長，就算離職之後也能從別的領域重新開始**。

該繼續進修嗎？先列清單釐清目的

從上班族的立場來看，不一定非要唸研究所不可，研究所是想去的人去的地方，但不是必須的，但是漸漸有許多上班族會煩惱要不要考研究所。有人為了唸研究所而辭去工作，因為像唸法學院或MBA，需要在平日上一整天的課，或者是去留學，他們可能是打算轉行到學界或法律界，為了自己的目標離開工作崗位，進行大膽的投資。

不過大部分考慮唸研究所的上班族，還是會選擇以夜間或週末上課為主，他們到底為什麼想唸呢？一位後輩告訴過我，他的目標是成為公司的管理人員，正考慮要不要去唸研究所，因為公司裡的管理人員大部分都是研究所畢業。

我請他列出兩份清單，一個是分析一位公司的高層管理人員，並寫出二、三個他升上管理職的理由，這是為了讓他可以思考成為管理人員的條件是什麼。後輩在大學時主修文學而非經營學，很擔心會因此無法升為管理人員，因此我請他再列另一張表，內容是如果自己不能成為管理人員，理由會是什麼。

檢視這兩份清單，結果發現很難將研究所畢業，列為成為管理人員的必要條件，所以研究所畢業成為晉升的決定性條件，這種例子現在已經很少見了。如果你仍覺得唸研究所對升職有幫助，我希望你能再重新想一下。

那應該什麼時候去唸研究所？答案理所當然，想去的時候就去吧！工作了一段時間，會產生想用理論將自己的經驗系統化，或是想研究國內更多案例。有另一位後輩表示在工作過程中對某個領域產生興趣，有意更進一步學習。我建議他：「可以積極考慮升學。」如果已經有了想寫的論文主題，我會建議積極考慮唸研究所，雖然現在有很多研究所不寫論文，但若當你對關心的主題，有想把自己的經驗寫成論文時，唸研究所就不是一種浪費金錢、時間和精力的作法了。

現在這個時代研究所畢業已不再是值得對外大聲張揚的事了，反而擔心花了數萬元學費和時間投資，卻可能取得失望的結果。如果學習的目的不是為了擴張專業性，那麼我會建議你投資在其他地方，像是把錢拿去國內外旅行、盡情看書或看電影，甚至存起來以備不時之需也好。量多價跌，現在擁有碩士學位的人滿街都是，再說為上班族推出研究所的在職專班，也是學校賺錢的手段之一。

我認為上班族需要深刻思考的不是要不要考研究所，而是「我在學習嗎？」被忙碌的生活淹沒，無法省視自己的經驗，無法了解瞬息萬變的潮流，這才是更嚴重的問題。我們必須要有自己的學習方法，現在網路上有很多方法可以利用，還可以經由 TED 演講或 Google 提供的各領域專家的演講影片（在 YouTube 上搜索 authors at google）來學習。

如果想學英語的話，只要二、三萬元就可以找到很好的學習網站，社區書店也會舉辦講座，如果再多花一點錢，甚至可以和外國專家視訊接受諮詢或指導，例如全球行銷專家賽斯・高汀（Seth Godin）在網上開設為期一個月的的MBA課程，連接了全世界上班族。類似充實的短期教育課程數不勝數，因此我認為，其實研究所並非一定要唸，但你一定要持續學習。

保持初心？不守初心才是對的

必須謹守初心嗎？一定要那樣嗎？必須守護的初心是什麼？無意間看到一個有關職場的實境節目，從實習生們失誤和驚慌失措的樣貌中，我想起了二十年前還是社會新鮮人的我，那時我是什麼樣的心情？為了得到上司和客戶的認可，努力做到最好。但老實說，當時抱著什麼樣的初衷，現在已經想不起來了。

保持初心這句話並不一定正確，進入公司從基層員工開始，到了某個時間，就會成為某人的上司。不僅僅是前輩，還會負責組員的人事評價和指揮業務，一般稱為「人員管理」（people manager）。這個時候如果主管還是以「初心」工作，通常會讓下屬們很辛苦，也就是說即使成為主管，凡事也親力親為，不放心把工作交給組員，即便肯定他的能力仍事事干涉，不會給予稱讚或明確告知需要改善的地方，就是守著初心而不知變通的例子。

在說「保持初心」之前，先想想自己是否具備符合現在角色的初心。何時開始思考適合我現在的初心呢？或許工作經歷超過十年，身為帶領兩三名下屬的小主管，這個時候應該重新思考一下符合當下的初心是什麼。這也適用於創業者或突然帶領團隊發展業務的情況，要思考符合自己的角色、組織及自身利益的初心，這才是應該保有的初心。

從另一個層面來看，初心也該符合時代變化。現在四十歲以上的上班族，在二十多歲時的初心，與現在二十多歲年輕人的初心當然是不一樣的。絕對服從前輩和上司，下班後即使已經有約也不能不參加部門聚餐，時時表現忠誠，這些是二十年前職場菜鳥的初心。但現在早已不是那樣，不能把當年「我」的初心寄託在現在的後輩身上。

不久前與以前的同事見面，他總是強調自己有「超過二十年的經歷」，這只是一種倚老賣老的行為。比起單純數據顯示的年資經驗，更重要的是，心態有沒有跟著時間調整？還是一直用過去的態度或方法處世？你的初心是否也隨著時代更新？

亞里斯多德在《修辭學》中寫道，「隨著年齡增長，比起對未來的希望，人類更多是依賴過去的回憶生活，因此話也越來越多。」我也是隨年齡增長，一邊回憶從前一路走來，如果有願望，那就是即使上了年紀，也想活在那個時代。現今的數位時代，反而可能是年輕一輩懂得比老一輩還多，因此如果還是只向年長的前輩學習，恐怕會很難生存。隨著年齡的增長，希望大家也能給自己與後輩學習的機會，所以我覺得不該再守著過去的初心，必須想的是不斷更新、不斷成長。

Side Note 11

繪製專屬個人的地圖

在阿爾卑斯山脈，有一支部隊在冬季訓練中被暴風雪所困，雖然暫時躲進了洞穴，但情況卻越來越糟。這時，一名隊員在行李中找到一張地圖，軍人們開始有了希望，他們按照地圖找到回營區的方法，最後抵達瑞士的某個村莊，經由村民的指引平安無事返回。但回去後他們嚇了一跳，因為他們依靠的地圖不是阿爾卑斯山脈，而是庇里牛斯山脈的地圖。美國麻省理工學院MIT管理學院教授領導能力的約翰・范・瑪南教授（John Van Maanen）分析說：「地圖創造了可以採取行動的勇氣，讓人不至於陷入絕望。」

根據MIT的領導能力模型，領導者需要具備的力量之一就是「意義建構」（Sense making）。「意義建構」是組織理論學家卡爾．威克（Karl Weick）提出的概念，是指對周圍發生的事賦予自己獨特的意義，並繪製藍圖，也就是繪製屬於自己的世界時事地圖。

主跑白宮事務、從雷根到川普共經歷過六位總統的記者肯尼斯．渥許（Kenneth Walsh）認為，在美國除了監獄，沒有像白宮一樣與外界隔絕的設施，他認為總統與國民的日常分歧是美國總統制的嚴重問題，專家們將這種現象稱為「泡沫」。[44]

若說職場也有泡沫，那會是什麼？會不會是固守「照以前一樣」的態度呢？照著前輩、前任，還有我之前的方式做就可以了，凡事只照著以前的模式做，用以前的視角看世界。看看你的周圍吧，大部分同事跟我一樣從熟悉的人那裡接收到相似的訊息，讀著從總公司、上司、其他部門傳來幾乎一樣的資訊，接受相似的教育，面對相似的人。

世界在快速變化、新事物不斷出現、未來充滿不確定，我們常常要在模稜兩可的情況下做出決定。牛津大學商學院的情境規劃小組將這種世界的特徵定義為劇變（Turbulence）、不確定（Uncertainty）、全新（Novelty）、模稜兩可（Ambiguity），並取前一個字稱為「TUNA」。業務上面對的環境、累積職涯的環境都適用。

越是遭遇這種狀況，就越要具備意義建構的能力，也就是要繪製自己的地圖，因為在這樣的世界裡沒有正確答案。要如何做呢？重點是尋找陌生且不同的意見。離開經常進入的網站，去其他地方看看；走進書店習慣進入某一類別的區域嗎？這回到沒去過的區域看看有什麼書吧；和一群與我有著不同經驗和背景的人聚會一次看看；翻開之前沒有讀過的書、雜誌、報紙，走訪以往不曾留意的展覽或展示會等都是很好的方法。

從陌生而不同的事物中我們可以學到新的方式。看看電影導演、小說家、作曲家如何創作作品；設計師從哪裡取得靈感，或許也會讓我們得到在工作或生活上的新想法。

《與成功有約》（*The Seven Habits of Highly Effective People*）作者史帝芬．柯維（Stephen R. Covey）曾這樣說過：「如果兩個人的意見一模一樣，就不需要其中一個人了。」意義建構過程中，重點就是要找機會談談自己的地圖，這樣才能讓別人知道，他們才能反映意見。如果地圖錯了怎麼辦？卡爾．威克在談到軍隊的故事時說道：「任何地圖都可以。」不要太害怕自己的地圖是否正確，要用自己的方式去理解世界。

別找免費的，收費課程更有收穫

「聽過線上課程嗎？」

線上課程不是只有學生才會聽，如果問上班族，應該有不少人都聽過。最近企業內部教育也經常使用線上課程，甚至連測驗也在線上進行。那麼我再問另一個問題，「曾付錢聽過線上課程嗎？」對，這與前面提到的自費出差相似。想想有沒有用辛苦賺來的錢，在網上刷卡購買線上課程？不是免費的，而是上網搜索自己感興趣的主題，看過其他人的評價，再登入註冊聽課，有這樣做過嗎？

我常常購買線上課程。有人會問，網路上有那麼多免費的，進入YouTube就可以找到許多知名學者專家的免費講座，到底為什麼還要付錢上課呢？因為同一名講師的課，免費和收費之間必然有一定的差異，唯有這樣，消費者才會肯掏錢。例如有的收費課程會提供整理好的筆記，幫助消化內容，而且資料還可以留存。另外，即使同一個主題也有免費講座，但是在收費講座中會再多講解一些具體實用的關鍵內容，有的甚至於還可以直接與講師溝通。

聽收費課程也有心理學上的因素。我們在用自己的錢投資時，心理上會對課程更深入，因為花了錢，就要得到點東西。如果是免費課程，心態上就會比較鬆懈，付錢的課程會更集中精力吸收、筆記，想得到對自己有幫助的資訊，因為沒有人會想隨便花自己的錢。

過去十多年來我聽過的線上收費課程大致可以分成以下三類：

第一、沒有負擔、價格低廉的課程。例如 100miin.com 中，從英語閱讀到生活及經濟領域等，課程很多樣，價格從一萬元到五萬元不等。價格低廉並不一定代表內容不好，當然在影片剪輯等方面可能不會太精緻也沒有提供教材，但若考慮經濟效益，仍是不錯的選擇。

第二、費用稍微高價的課程。我喜歡的授課平臺之一「大師班」（masterclass.com），曾在上面聽過麥爾坎・葛拉威爾（Malcolm Gladwell）的寫作演講、鋼琴家兼作曲家賀比・漢考克（Hetbie Hancock）的爵士樂演講。雖然用英語進行是缺點，但可以拿到整理好的筆記，也可以向演講者反饋意見。另外還有與MIT等知名大學合作的線上教育平臺Emeritus Institute of Management，可以聽到專業領域的講座。

第三、實況進行的線上課程，透過網路與分布在全世界各地的人，同步線上學習。

我有兩年分階段上過「神經領導力研究所」的線上課程，透過網絡連線與各國學生一起同步收聽並討論，就像在同一間教室上課一樣，我提出的意見可以即時得到反饋，還可以定期與教授進行一對一的商談。

除此之外，也有一些很優質的免費課程，例如Google邀請世界級大師進行約一個小時的「Talks at Google」，或是「Leading at Google」。十五分鐘左右的簡短演講固然精闢，但若有心深入了解，建議還是選擇時間較長的課程。以自己關心的主題上網搜索各領域大師們的講座，打造屬於自己的「線上校園」吧。

Side Note 12

「CLASS 101」測試

最近網路學習平臺越來越多了，還記得第六章提到的「soomgo、kmong 測試」嗎？在這裡要介紹的線上學習平臺也有同樣的測試。在某個領域成為專家，擁有自己的技能，就可以藉由傳授給別人獲得額外收入，這不僅是「教授」的能力，也可以說是自我價值。把我的專業技能傳授給別人，就是傳達我的個人價值，還能轉化為收益。

在第六章中介紹過柳妍絲代表，她透過上傳到自己網頁的線上講座，僅三年時間，就賺到了以前在企業的收入[45]。當然在這三年，她也一直宣傳自己，在行銷活動上傾注很多努力，但從線上課程打下的基礎，可以讓她即使不工作也能賺錢。就像作曲家或歌手製作音樂、練習、錄音，付出許多努力，歌曲發表之後每當人們下載音源時，就可以收到版權費。我也是在接觸過柳代表之後，重新思考了線上課程的意義。

柳代表也透過 YouTube 分享自己的經驗，她對建立個人品牌提出一些建議。第一個階段要清楚自己「擅長的領域和想擅長的領域」，這點很重要，也就是前面所提到的**發現並明確定義個人技能和專業**。

第二，現在是數位時代，要想打造個人品牌就必須利用網路，可以寫文章，也可以在 YouTube 發表影片。柳代表強調不能以炫耀自己經驗的角度製作內容，而是要以助人為出發點，受眾者才會買單。

最後，就是找一個平臺來傳播我的內容，像柳代表就考量到希望可以讓同樣對海外工作有野心的人看到自己，於是選擇 Linked 和 Brunch.co.kr 推廣自己製作的內容。

不要倚老賣老，該向年輕後輩學習

回想一下過去幾天與職場後輩一起對話的場景，可能是在會議中，也有可能是邊喝茶邊聊天。後輩和我對話時，說出了多少他自己的意見？我對後輩的意見感興趣嗎？再多想一想，與後輩對話時，我的態度像個指導者，還是會以提問的方式詢問的看法呢？

上班族職場生存術與後輩之間的對話方式有什麼關係？如果你的職場生活還剩不到五年，請不要太苦惱，接下來應該沒什麼大問題。但是如果你想的不只是在職場，還有社會、生活的話，長期來看，能否從後輩身上積極學習將產生很大的影響。這個變化與過去其實有很大的差異，以前大家都是向長輩、前輩學習，但現在你會想向老教授學習人工智慧嗎？反而我們可以向年輕人學習世界的最新潮流，特別是技術方面的變化。現在社群媒體讓世界變得很不一樣，衍生許多新文化的出現，這都是應該向後輩學習的。如果公司成立一個開發最新數位技術的戰略部門，卻空降一個五十多歲的高階管理人員來負責，成功的機率可能不太大。

馬歇爾．葛史密斯（Marshall Goldsmith）認為，作為領導者無法取得更大成功的重要理由，是因為習慣在與後輩的對話中提出忠告，要求提高效率。舉例來說，當後輩來分享某個創新的想法時，前輩開口就先叫對方坐下，然後開始像講古般述說自己過去的經驗，告訴後輩應該怎樣做才能提升價值。老實說身為顧問的我，也經常須要抑制這種衝動，當然這類的忠告對後輩多少會有幫助，但後輩也會感到洩氣，有種自己發想的創意卻無法主導的感覺。葛史密斯建議前輩們，在你們想提出忠告前先想一想，「我說的話真的有價值嗎？」

我曾經邀請某位教授參加研討會，以「隨著年齡增長，如何才能不成為老頭子」為主題演講。他說，隨著年齡越來越大，成為老頑固是無可奈何的現象，重要的是承認這個事實，還有不要隨時都想給後輩所謂的「忠告」，即使對方並沒有前來詢問，也應該要隨時保持傾聽的姿態。

當然不可否認很多前輩有值得學習的智慧，我們也是從前輩和自己的經驗中學習、累積才走到現在，但是現在與過去不同，要重新確立與後輩的關係，不再只是他們向我們學習，我們應該以更積極的態度從他們身上習得新知。

第一、時常與後輩交流，可以探討一下他們如何看待世界，或最近有什麼新鮮的話題。身為前輩，你要遵守的原則是打開錢包，然後閉嘴。如果在對話中有什麼感到好奇的再提問，多傾聽，試著更接近他們的世界。

第二、前輩要具備比後輩更擅長的技能。從長期的經驗中產生的想法力量是後輩沒有的。但只有經驗的力量並不足夠，前輩的優勢是比後輩更有深度的思考，所以要多閱讀，不時回顧省察自己的生活和經驗，積累智慧。

想想自己說多少次：「想當年我們才不是這樣……」年輕時我們看著四、五十歲的前輩們，對新趨勢不感興趣，總是固守成規以自己熟悉的方式工作，不也覺得他們守舊嗎？現在來回想一下，我是否也已經有這種「老人」的習氣了。如果你現在還不懂向後輩學習，就沒有未來。

Side Note 13

不要成為YES MAN

美國MIT媒體實驗室所長伊藤穰一提出了培養競爭力、生存的九個原則，[46]其中有一個值得我們特別注意的原則，就是「違逆勝過服從」。

過去我們把在學校功課好，在公司努力工作，順從父母、老師和上司當作是美德，但現在那樣的時代也宣告終結了。二〇一六及二〇一七年，我們在政府和企業看到，功課好、工作努力的人，如果盲目服從上級，會造成什麼樣悲劇性的後果（不僅是個人，連國民和社會全體都會影響）。「違逆勝過服從」當然不是無條件反對上司，只是如果光聽上司的話，很難展望未來。現在二、三十歲的上班族如果在四、五十歲主導的守舊模式下度過職場生活，他們也許會在組織內得到晉升，但十年後很難具備屬於自己的競爭力。

伊藤說「刻意的違逆」，這對上班族有什麼意義？首先要思考，我所屬的組織所提出的世界和成功方程式並不是全部，我們不如脫離工作崗位與過著不同生活的人交流，看看即將到來的未來會是什麼模樣。**與其對公司提供的訊息和說法照單全收，不如具備自己獨立思考的能力。**

組織內的生活久了，當被問到「老闆想要的是什麼」時，我們必然會做出最適切的回答，而現在該找出辦法擺脫這種習性。伊藤提出的九個原則，其實用其中一個就能貫穿全部，就是**比起組織教育，更應重視自我學習**，教育是學校或公司指使的，但學習是我自己主動去做的。我有屬於自己的學習管道、方法和解釋嗎？上司也許會對我的升職和薪資產生影響，但他不會對我的生存負責。回想一下，今天在公司是否又對上司的指示來者不拒，整天都在處理哪些工作中度過呢？

今天被拒絕多少次？學習被拒絕的勇氣

這個人到底有什麼祕訣？聽了以前是保險業務員、現在是以世界為舞臺發展太陽能發電事業的未來能源公司代表張東一的故事，我腦海中一直浮現這個問題。他在大學畢業後工作了五年，轉職到保險公司擔任業務員，但剛開始他很難開發客源，因為他不像其他業務員一樣，有親朋好友可以捧場買保險，他在第一年幾乎沒有業績。但是六年後當他決定離開保險公司時，他的年薪已達四億元，而他的故事讓我想起了兩個人。

加拿大的IT技術創業家傑森·康利（Jason Comely）被妻子拋棄，他的妻子轉向比傑森賺得更多、個子更高、長得更帥的男人。那種失落感讓他有九個月的時間像廢人一樣，關在家裡什麼人都不見。然而有一天，他驚覺如果不面對恐懼，以後的生活就會更困難。於是他突發奇想，訂下每天被人拒絕一次的目標，比如說在超市停車場要求初次見面的陌生人載自己回家，想當然他一定會被拒絕。就這樣，他每天都找機會故意被拒絕，逐漸培養承受拒絕的耐力，恢復正常的生活。他以自己的經驗為基礎，發展出「被拒絕療法」（rejection therapy），並擴展到全世界，有無數人受到他的影響，中國的蔣甲就是其中之一。

在北京出生的蔣甲，年輕時聽到比爾·蓋茲的演講，決心要創業。後來他到美國取得學位，但畢業後沒有創業而是就業，之後一帆風順年薪破億，婚後過著幸福的日子，但他對自己沒有照原本的目標創業，而逐漸安於現狀的生活其實有點遺憾，因此後來與妻子商量，在第一個孩子出生前四天，他向公司遞了辭呈，然後在六個月的時間裡尋找新的機會。他為了新的事業找投資者下了很大的功夫，但是四個月之後，原以為已經談妥的投資全都冒名其妙的泡湯了，傷心不已的他幾乎要放棄了，這時偶然接觸了被拒絕療法，展開了在一百天內被拒絕一百次的挑戰，並把過程上傳到自己的部落格，得到很多人的關注，CNN、《富比士》等知名媒體爭相介紹。後來他創立了協助人們訓練被拒絕的勇氣和耐力的訓練機構，現正活躍中。[47]

現在再回過頭來聽聽張東一代表的祕訣。他說剛開始當保險業務員時，帶領他的師父是業界中的佼佼者，師父總是對保險界菜鳥的他說：「今天聽了多少客戶『罵』你啊？」不問簽回來多少保單，只問有多少失敗。師父要他不要管其他事，目標就定每天上午和下午各有二個小時被客戶拒絕，這麼做是為了培養抗壓性。張東一代表最受稱讚的一次，就是一天之內被五、六十人拒絕，就這樣原本站在客戶辦公室門前因害怕吃閉門羹而不敢敲門的張東一，逐漸克服恐懼，最後自稱英文很破的他，還可以跑遍全球開創自己的事業，已完全不怕被拒絕了。

我們把成功當作基本目標，那麼被拒絕就是例外狀況，因為可能會被拒絕、會失敗的事就不去嘗試。蔣甲為了達到被拒絕一百次的目標，每天不斷嘗試，意外地在這中間遇到有人欣然答應的狀況，反而會讓他受寵若驚。若在預設被拒絕的前提下進行工作，出乎意外的機會也會到來，所以對真正成功的人來說，拒絕不是例外，而是默認事項

（default），這才是基本的，因為畏懼被拒絕是無法成長的。

Side Note 14

左右職業未來的「小」習慣

比起「偶爾做」，「每天做」對生活更重要，這句話的意思是說，如果每天像習慣一樣反覆做某種行動，對生活會產生重大影響。紀錄片《壽司之神：小野的夢》中，拍攝當時已經八十五歲的日式壽司師傅小野二郎，他說：「過去七十年來我每天都反覆做著同樣的事。」他每天重複同樣的工作，苦思如何才能做出更好吃的壽司，如何才能成為世界最好的壽司師傅。現在他已經超過九十歲了，仍然很活躍。小野每天只集中在提供給客人的二十貫壽司上，因此他的壽司店裡沒有飲料、炸物、副餐之類的東西，他的成功祕訣就是，專心把二十貫壽司做好。研究結果顯示，比起在職場內承擔上司指使的各種業務，在自己的專業領域裡，即便管理比較狹窄的事物，但能專注取得最好的成果，才是成功的捷徑。[48]

在長達二、三十年的職場生活中，創造屬於自己的技能，不僅是為了生存，這也會左右我們的生活方向，人際關係和健康也一樣，所以我們每到新的一年都想養成新的習慣。

每天會做出的反覆行動，大致上可以分成兩種，一種是與日常規律有關的行動，像每天都要睡覺、吃飯、上廁所，也有像上下班這種因為自己的角色而重複的行動，還有像吃飽飯就要來杯咖啡一樣，有關喜好方面的習慣。

第二是自己刻意為個人進步或成長而反覆的行動，例如有人每天都要走一萬步，有人每天一定要閱讀或寫日記、聽廣播學英文；有人規定自己每天與家人共進一餐，也有人是努力每天都抽時間與家人聊聊天。先回顧一下自己昨天起床後到晚上，這一天是怎麼度過的？第一類日常規律的行動可能有數十種，很容易就想起來，但如果你的腦海中沒有想起第二類的行動，那說不定就是生活停滯的信號，也就是說需要建立新的習慣。

在史丹福大學研究的B・J・福格（B.J.Fogg），苦惱怎樣才能讓新的習慣持續，最後想出了「小習慣」（Tiny Habits）的方法。他認為，在許多自我發展書中所說的動機並不是最重要的，我們從經驗中知道，新年的早晨總是會產生很多動機，但多半很難持續下去。習慣是不需要太努力的行為，因此突然要花很多努力的行為變化必然會失敗，所以輕鬆無負擔的小習慣能持續下去比較重要。舉例來說，一開始就把目標設定每天要做五十個伏地挺身，恐怕很快就會放棄，但如果每天做三個持續一個月，這樣似乎比較容易進行，那麼接下來就自然會增加到五個、十個。這種小習慣並不是白費力氣，而是把自己每天都重複的事串連起來創造轉變。

我在高中時曾與朋友寫下每天要做的小習慣，總共有二十八個，想想似乎有點多，但每個只要花三十秒，總共十四分鐘就完成。我們在只屬於我們的網路空間裡做了一張表，如果完成了就寫一，沒有就畫〇，每週進行統計。這些事情都會積少成多，只要將我每天反覆做的行為集合起來，就能看到我十年、二十年後的樣子。

找到潛力還不夠，最重要的是持續實際行動

「〇〇〇在這裡睡著了。他是個有很多潛力的人。」哈佛大學醫學院精神科教授斯里尼·皮雷（Srinivasan Pillay）在著作《生命解鎖》（*Life Unlocked：7 Revolutionary Lessons to Overcome Fear*）中，列舉了人類最害怕的墓碑銘，看來這個人的一生充滿潛力，卻無法付諸行動。

公司會不斷變化，雖然會有好的變化，但像組織調整、收購合併、裁員、部門調整等讓上班族不安的變化更頻繁。面對這些變化，上班族喜憂參半，就算這次活下來，難保過幾年會怎麼樣？其實上班族也無能為力。這樣的變化會減少嗎？不，會持續下去，再加上新冠疫情和第四次工業革命，產業結構也將急劇改變。

但是很多人對所屬組織的變化時時保持警覺，卻對自己的改變不感興趣或無心改變，因為光是公司業務和行程就很難消化了。我們已經知道職場無法保護我們，除了努力留在職場之外，看起來沒什麼可做的，但越是這樣的時候，就更應該思考一下自己的潛力和變化。那「想要什麼樣的變化呢？」，通常只會想到期待別人給我的變化，希望

有人把我安排好單位、幫我加薪、讓我升職。

靠自己主導的變化是什麼呢？可以是讓我工作更長久的體力，也可以是努力在自己的領域成為專家。只有自己追求變化，才能在組織的變化中生存下來。

變化的目標成立後該怎麼做？馬歇爾・葛史密斯在《觸發點》（*Trigger*）書中介紹了「變化之輪」的概念，在這裡就把變化之輪的四個軸心套用進來介紹，四個方法，讓自己越變越好：

1. **創造**（creating）：可以是重新開始，也可以是從無到有創造的東西，例如一直想看卻沒看的書，存錢去上想上的課程；可以是聽線上講座，也可以是與景仰許久的專家見面請益。
2. **消除**（eliminating）：把以前做的事清除，例如戒酒、不再熬夜，避免太晚回家，或是週末不再加班。
3. **保存**（preserving）：在過去做過的事當中，一定會有對自己有益的習慣，可能是堅持不懈的學習語言，也可能是每天持續運動，將對自己有幫助的習慣保存下來，就能帶來變化。

4. **接受（accepting）**：有些事雖然不太願意，但在現實中必須接受或延後改變，例如雖然想讀研究所，但因故放棄而尋找其他替代方式或延後入學。明確地理解必須接受的理由，才能以平和的心態進行新的嘗試。

斯里尼．皮雷說，不要含糊地只想著「我的生活一定會更順利。」應該具體思考自己變化的方向，這樣才能做出適切的行動，就是要向我們的大腦傳達明確的指令。舉例來說，二〇一九年初我接受健康檢查，因為血糖數值已經達到警戒線，所以必須減糖，要達到這一個目標，醫生要我減肥。比起嘴裡嚷著「要健康一點」、「要減肥」，我想到更具體的方式是「每天走一萬步」，重點是要經常具體思考。

幸好朋友與我有同樣目標，於是我們每天晚上都會分享今天走了幾步，彼此督促。如此實行下來出現了變化，雖然很多時候未達到一萬步，但總體來說那一年走得可比以前多很多，我瘦下五公斤。時隔一年後再次接受健康檢查時，不僅血糖數值降低，幾乎所有的指數都有所改善。

我曾參加過因演奏巴哈樂曲而贏得舉世認可最優秀的鋼琴家希夫．安德拉斯（Schiff

András）的演奏會。雖然已經得到了最極致的肯定，但聽說他還是每天早上不間斷地練習彈奏，以此開始新的一天。在演奏會最後全場起立鼓掌，他在熱烈掌聲中又演奏了五首安可曲。我看著他，心裡想著我又要用什麼來展開新的一天呢？不要是想，還要有行動。

Side Note 15

村上春樹的建議

四十九名，這是瑞典全球調查企業Universum，針對世界五十七個國家、二十萬名年輕上班族進行幸福指數調查後得出的韓國排名四十九。其他國家排名為：新加坡（十七）、中國（二十七）、菲律賓（三十四）、泰國（四十）、越南（四十一）、印尼（四十五）、馬來西亞（四十六）、日本（四十七），都領先韓國。在亞洲國家中唯一排在韓國之後的只有印度，韓國上班族真的過得很苦啊！

村上春樹的著作《身為職業小說家》，與其說內容是關於小說家的故事，不如說是職業的一般論。如果請村上給上班族一些建議，他會說什麼呢？

第一、擁有專業就是意識到我有什麼機會。村上春樹最珍惜的一點就是「根據某種特殊的力量，被賦予寫小說的機會」。把職業和專業分開思考，重點不是哪個組織、部門、職責，而是我是做什麼事（專業）的人？在當今這個職場無法保護我的時代才更有意義。職場是組織，那麼我做的工作就跟我累積的專業性有關，專業性越明確，在職場生存的時間就越長，即使離開職場後也有繼續生存的能力。

第二、要持續取得成果。村上春樹說，寫一部小說並不難，但持續寫下去很難，這不是任何人都能做到的。我們在自己的領域裡有持續創造成果嗎？村上春樹說，如果不做出成果，必須要有難以忍受的內在衝動和強大的忍耐力，才能持續地做出成果，但知道自己是否有資格，只能親自去嘗試。認識我是做什麼工作的人，和在那個領域持續創造成果，這是創造屬於自己的專業性最重要的兩件事。舉例來說，單純地用組長的職責來定位自己，與將組員視為未來的組長會帶來非常不同的結果。

第三、打造出我專屬的學校。學校，就是專屬於自己的學習領域，由自己排課程，學自己有興趣的東西。對村上春樹來說，在只屬於自己的學習領域裡，可以隨心所欲安排想上的課程，在這個過程中村上春樹學到了很多東西，上班族也可以建立自己的學校，例如找喜歡的作者著作來看，或上網搜尋專家演講的影片都可以。

如果現在的工作與自己想做的事情（專業）無關，該怎麼辦呢？村上春樹說，想一想入場券是什麼，然後試圖擁有它。對他來說，某文藝雜誌新人獎是走向文學世界的入場券，很多上班族把相關經驗當作是入場券。我的一個朋友以祕書的身分踏入職場，後來想在人事領域工作，雖然他的祕書經歷都沒有得到認可，但他毅然決然轉到中小企業的人事部門，後來逐漸發展，又在兩間公司從事人事工作。

這本書最觸動人心的表現是「讓時間站在我這邊」。「如果再多一點時間，一定會取得更好的結果的……」這樣的想法會讓時間變成敵人。村上春樹說，從不認為自己的任何作品是只要有時間就會寫得更好。如果覺得寫得不好，是作家能力的問題。村上春樹的忠告是，**慎重對待時間的話，時間就會站在我這邊**。我有讓時間站在我這邊嗎？在辛苦的職場生活中，還能思考回顧自己的專業、成果、只屬於自己的學校是什麼，才是讓時間站在我這邊最好的方法。

Thinking 7

學習如何使專業成長，而不是為了戰勝競爭對手

湖　看完第七章，有什麼感想呢？

藍　我也對研究所很茫然，心裡總想著有一天會去唸，但看完這一章後，我又重新想了想，獲得學位並不一定就能被認可是專家。不過我試著編排了屬於我的線上課程，加入了紀錄片相關的講座，因為是自己喜歡的領域，讓我更有動力。

湖　結合CSR與紀錄片的講座，真是獨具特色的組合啊。

藍　還有關於被拒絕的勇氣。我本來也是一個害怕被別人拒絕而不敢嘗試的人，但是看過這一章之後改變了想法，被拒絕又怎樣，說不定會有意外的機會呢。

湖　雖然我也唸過研究所，但並不認為只要拿到學位就等於擁有專業性。很多上班族是因為不安才會取得某種資格或證照，結果有不少是浪費了時間和金錢。歸根究柢，學習要在自己喜歡的領域，而且今天要比昨天成長。上班族很容易就會把贏得與同事間的競爭、升職當作自己人生的目標，雖然有時必須要競爭，但還是把重心放在學習和成長上才是對的。

藍　是啊，我在這一章也領悟了不少。在與阿湖對談之前，我只想著要比同事或同屆的朋友們更早升職。不過現在抓住重心了，心情變得輕鬆許多。

第八章
做好成為領導者的準備

「三十多歲時在職場中未能創造自己的品牌是最遺憾的一件事。」

——四十多歲的上班族

藍 阿湖，這裡！

湖 哇，寶藍公司所在的這棟大樓看起來真不錯。

藍 現在已經習慣了所以沒什麼感覺，我剛來時也覺得很棒。不過今天約在這裡和這次對談有什麼相關？你說要在我們公司的員工餐廳吃飯讓我覺得很意外。

湖 我還蠻喜歡在員工餐廳吃飯。因為以前我上班的公司都沒有員工餐廳。另外，這次的主題是關於在職場中作為領導者的意識，因此在這裡見面也很合適。這次的問題是這個：

在職場中一起共事的人們，會記得我是個什麼樣的領導者？

藍 可是我現在職階不高，根本就還不算是個領導者啊。

湖 不用擔心，重要的是現在的你想要創造什麼樣的領導力，還有要如何做。現在就一邊思考要如何打造領導者的模樣，一邊看看這一章吧。

區別上班族與專業者的重要差異之一，就是如何看待自己。上班族把工作和自己結合，而專業者會把自己從職場中分離出來，看成是獨立的存在。在眾所周知的大企業上班，會讓人誤以為自己就像公司一樣了不起。他們對於名片上的公司名稱和自己的職稱多少有些「過度」的自豪感，但在退休後無法再使用名片時，自然會感到空虛無力，因為沒了公司名稱和職銜，也沒有做好獨立的準備。

相反地，專業者會把自己當成獨立個體，其他人也會這麼認為。即使在大企業上班，專業者仍持續保持進步，因為現在的職銜並不代表自己，因此為了打造自己的專業性和個人品牌，在職場會更努力。

把自己與工作結合，職銜就成了自身的價值。也就是說，將位階比自己低的人視為主從關係，面對合作廠商時以甲方自居。相反地，將自己視為獨立個體的專業者，不管面對公司的上司、下屬或其他部門或外部廠商，都會是可以相互提供幫助的平等關係。現在雖然是位階較低的後輩或協力廠商，但誰知道在日後會不會變成另一種合作關係，或許到時是我需要對方的幫助，說不定在我離職後，昔日的後輩或協力廠商會成為我的甲方。

獨立經營了十多年的一人企業，我領悟到一個重要的事實，就是推薦和介紹的驚人力量。這本書將成為我寫的第四本書（如果包括合著的書在內是第六本）。第一本書是在報紙和雜誌上寫文章被出版社編輯發掘而開始的。那我又怎麼會在報紙和雜誌上寫文章呢？那也是意料之外的熟人推薦。例如，我在《東亞商業評論DBR》上寫文章超過十年，而開始的契機是來自於某顧問公司員工的推薦。那名員工經常看我在部落格上的文章，當接到記者邀稿時就想起我，記者看過我在部落格的文章後，便委託我寫專欄，這個緣分一直延續至今。我寫這本書的主要素材，就是在《東亞日報》上連載四年多的專欄《金湖給上班族的生存方式》，這個專欄的誕生也要歸功於曾在《DBR》中合作過的次長金有英被調到《東亞日報》後的推薦。

公關領域的全球雜誌《The Holmes Report》每年將全球分為三大地區，評選出二十五位創新者（innovator 25）。我在二〇一九年被選為亞太地區二十五名創新者之一。在這個評選過程中，我再次看到了推薦的力量，這個評選不像選秀節目那樣激烈，最重要的還是推薦。我報名申請後找了幾個人請求他們推薦，評選單位收到推薦後對我進行審查，並進行一些提問。

從這樣的經歷中，可以觀察到幾個重點，首先，沒有推薦很難掌握機會。第二，接受推薦時必須有東西可以展示，也就是之前累積的成果，例如記者收到推薦我寫專欄的訊息，他會先找我以前寫過文章來看，如果沒有那些文章我能抓住那個機會嗎？無論在何種獎項的評選中被推薦，如果沒有成果可以展示，就只能在推薦階段止步，只有不斷累積優質成果，才能轉化為機會。第三，如果推薦者對我有負面印象會怎麼樣呢？當然就不會推薦我了，在事業上也一樣，過去十多年多來所做的專案，大部分都是經由推薦得到的。推薦的核心是要有相當數量一起共事過的前同事們，他們可能轉職到各企業，但如果有機會，就會互相聯繫幫忙推薦。

我在前公司接受諮詢的人、我的祕書、後輩職員等，在過去十多年裡都成為我的客戶。不管理由是什麼，當介紹和推薦終止的那一刻，也就代表我的職涯結束了。**專業者的生存能力是能幫助他人的力量**，而當推薦終止就意味著我身為專業者的有效期限已經到了。

說了這麼多，重點就是上班族**在職場期間，除了發掘自己的個人技能，與職場中的人維持建設性的關係更是重要**，因為他們是我轉變為專業者時，為自己建立品牌時最直接、也最重要的利害關係人（stakeholder）。他們可以是公司的前後輩、同事，或外部廠商，若總是服從前輩的指示、請後輩喝酒，並不會產生建設關係，真正的專業者會將自己和同事都視為個別的存在。這句話是確立了對方和我的邊界（boundary），同時必須建立相互尊重、相互幫助的關係（後面會說明，為什麼在英語表述中不是「take and give」，而是「give and take」）。

身為獨立的上班族要成長就需要發揮優秀的領導力，與固有的職場倫理和領導者的職權無關，而是必須建立建設性關係和良好的口碑，才能有助於轉換成為專業者。

接下來就一同看看作為領導者應該如何創造良好的口碑，以及如何在職場中維持建設性關係。

別人眼中的我，才是真正的我

我曾參觀過英國的代表性畫家霍華德．霍奇金（Howard Hodgkin）的畫展。出生於一九三二年，從小就想成為畫家，八十多歲的他很遺憾地在畫展前二週，二〇一七年三月初不幸過世。他以畫抽象的肖像畫而聞名，不同於一般的肖像畫，他的畫乍看不像人臉，充滿果敢的筆觸，但長時間觀察，會發現畫裡既有人的表情，也有感情。

肖像畫中有以他人為模特兒的作品，也有畫家的自畫像。看完展覽後，我思考畫與領導力的關係，我的領導力會是什麼模樣？有時是我們自己看自己描繪出的自畫像，有時是在職場其他人眼中映照出來的我。我的領導力存在著兩幅畫，這兩幅畫在某些方面是重疊的，在某些方面又是截然不同的。

說到兩幅畫的差異，我有一個痛苦的回憶，那是二〇一四年的事，當時從澳洲一位資深顧問那裡接受了領導力訓練後，請職員對我的領導能力進行評價，我自己也做了一份相同的問卷，結果出來有一致之處，但也有很大的隔閡。

看了結果後，我對顧問抱怨說：「他們太不了解我了。」但顧問說：「你錯了。」（他很果斷地說「You're wrong！」）。當時的我無法理解，別人怎麼會比我自己還了解我？但顧問說就是那樣，現在回頭看才明白是理所當然的事，但在當時對我是造成很大的衝擊。

葛史密斯也說，真實的我來自於別人眼中的我[50]。舉例來說，當我面對十多名同事發表時，唯一一個無法看到我的人就是發表者我自己，而聽我發表的那些人的共同意見，很可能比我想像中的更接近真實。

心理學有個「周哈里窗」（Johari's window）理論，將我對自己了解和不了解的樣子，以及別人對我了解和不了解的樣子，以兩個軸線進行說明。如果說只有我知道，別人不知道的領域是祕密，那麼別人知道，但我不知道的領域就叫「盲區」（blind side）。

在組織內擔任越高階的職務，對自己的領導力盲區就越大。為什麼呢？我們都是自然地領悟在組織內應該實踐的品德，在權力大的人面前不能說難聽的話。對我的領導力的真實評價在別人心裡，而非他們對我說的話裡，畢竟誰會想得罪決定自己升職和年薪的人呢？

領導能力和行銷有一個共同點，就是別人的認知決定我的現實，這代表身邊需要有一個能對我傳達真相的前輩、同事或後輩，也就是說可以畫出我的領導力肖像畫，並展現給我看的人。領導能力不應該是自己畫出的自畫像，應該由與我一起工作的人為我作畫。看看你的周圍有沒有人可以幫你畫肖像畫，傳達最真實的你。

Side Note 16

盲區與左側鋒（Blind Side & Left Tackle）

讓珊卓・布拉克（Sandra Bullock）奪得奧斯卡最佳女主角獎的電影《攻其不備》（The Blind Side），以美式足球史上最悲劇的場面開始。一九八五年十一月十八日，華盛頓紅人隊的四分衛喬・泰斯曼（Joe Theismann）用右手投球時，紐約噴射機隊的勞倫斯・泰勒（Lawrence Taylor）從左側後方撲向了他，那一瞬間泰勒的膝蓋壓在泰斯曼的右小腿脛骨上，很快就有其他選手壓上來，最後泰斯曼受重傷，原本前途無量的美式足球選手因此被迫退役。這起事件也為美式足球帶來巨大的變化，保護四分衛左後方的左截鋒（left tackle）的位置重要性大增，成為隊上僅次於四分衛年薪排名第二高的選手，因為他必須保護在球場上領導的四分衛看不見的盲區。[51]

我曾受大企業的委託，在研討會中以領導力角度分析這部電影，泰斯曼受傷的那一場面非常重要，因為對領導力具有很大的啟示意義。一是每個人都存在自己看不到的盲區，二是我們很難發現自己的盲區。所以每個人都需要「左側鋒」，即保護我的盲區地帶的人，他們才是用誠實的回饋來保護我，告訴我在盲區有什麼狀況的人。

有目標方向，才有想改變的動機

「在這世上最難的就是教導人與細胞研究。人想做什麼就做什麼，絕對不會乖乖按照教導的去做。」一九八五年韓國第一個成功培育試管嬰兒的前首爾大學醫院婦產科教授文信容，在二〇一三年退休接受媒體採訪時這麼說。[52] 葛史密斯也說：「不要刻意去改變不願改變的人，那只是浪費彼此的時間。」

人的變化有兩種情況，一是自己想改變，另一個是不改變就會有損失的時候。如果不是這兩點，很難發生改變。今日企業也以講座、訓練、研習的名義展開無數的領導能力教育，但其實我認為除非是在業務上必須了解的技術、知識，否則沒有必要進行領導力及溝通教育。公司浪費資金，對於被強行拉來的職員來說，既是時間上的損失，也會對教育訓練起反感，只會妨礙真正想聽的職員，誰也得不到好處。現在企業教育訓練課程很多，把大部分課程列為選修是正確的，讓有需求的人聽，這樣至少可以期待開始產生變化，不過有時即使本人願意，也不一定發生改變。

所謂的「真實型領導」（Authentic Leadership）是排除領導力講師或理論所給的定

義，依照自己想成什麼樣的領導者為努力的方向。如果想改善我的領導能力，在閱讀相關書籍或聽講座之前，可以先回想一下過去的上司中，有沒有領導能力值得我尊敬的對象，或者是歷史人物也好，不過最好還是以相處過的前輩、師長、主管為榜樣。想想為什麼我喜歡他的領導風格？可能是他決策果斷，或是對下屬公正，也可能是樂於溝通行事民主，或者很實際地從不讓下屬加班，任何理由都可以。

VISA 國際組織的創始人狄伊・哈克（Dee Hock）這樣評價領導能力：「把某人對你做過的事當中最討厭的列出來，然後千萬不要對別人做那些事；把別人對你做過讓你開心的事列出來，以後也要經常對別人那樣做。」[53]

以我親身見證過其他人的領導能力為基礎，制定屬於自己的領導力條件或模式。檢視一下你所列出的領導者應具有的條件，看看接下來一年有沒有什麼想做的改變，挑出想優先實行的。不過就算只有一項，一年的時間說不定很難看出變化，因為領導能力關乎我的行動和態度，需要長時間才會有明顯的變化。

想要戒菸的人大多會昭告天下，透過這種方式，意識到別人的眼光，強化戒菸的意志。同樣的道理，當你想改變時就告訴周圍的人吧。例如，「今年我決心成為更會傾聽的領導者」，並定期向上司、同事、部下徵詢意見，傾聽他們的聲音。改善領導能力絕非易事，首先本人意志要堅定、方向要明確，再加入周遭的人適當地介入才能實現。

對於自己的領導能力，有沒有什麼想改變的？如果沒有就不用苦惱，照著以前的步調走就行。通常這有兩種可能，一是你已經是一個很好的領導者，不然就是日後要為故步自封的後果負責。

Side Note 17

「三百六十度評量」學到的東西

作為領導者，若想要改善在組織內部的評價，應該怎麼做呢？先想一想這樣的狀況，政治家在選舉之前，一定都會調查自己的支持率。領導者若想做些改變提高聲譽，就要先了解上司、同事、部下如何看待自己。

這種時候用三百六十度評量就很有用，近來具備三百六十度評量工具[54]的企業大幅增加，有些是基於企業本身規定進行，也有些是本人要求進行評價，而企業內部進行評價不需要支付任何費用。不過真的開始進行，難免又會擔心「如果得到不好的評價怎麼辦？」但在三百六十度評量中，可以排除會故意給予不好評價的人，但這樣可能聽不到客觀性的評價，等於是只挑會說我好話的人。

如果公司提供給職員進行三百六十度評量的機會，希望你可以申請，因為必須有真實的評價才有改善的可能。如果進行三百六十度評量的話，最好是展現出更積極的一面，例如申請參加評量的同時也要表達：「希望從領導能力的角度審視我，我想接受客觀的診斷，以改善我的領導能力，請讓我進行三百六十度評量。」而且接受評價後，雖然沒有必要展示自己的所有結果，但至少對於為了我花時間精力的參與者，進行簡單的「彙報」（Debriefing）。首先向參與者表達感謝，將在這次評量中學到的、我受到肯定的、以及需要改善的部分，挑選兩、三點分享，再說明以後會做哪些努力改善領導能力，這樣表現積極的一面，將成為改善你聲譽的良好開端。

什麼樣的領導者會被記住？

想想在職場中曾一起共事過的上司當中，最喜歡和最值得效仿的是誰？我想起了前面提到的李勝宇代表。有一次與和他共事過的人吃飯，偶然間提到了李勝宇代表，所有人都點頭認同很難找到像他一樣關心職員成長、毫不吝嗇給予的主管。多虧了有那樣一位關心自己成長的領導者，職員都得到激勵、努力工作，為公司帶來大幅發展，組織文化也非常優秀。

他將我視為專家，比起聽取報告，反而很認真地詢問我的想法，甚至一起討論。想想看，身為次長的我與社長單獨坐在一起討論，當時的心情興奮又緊張，這是很難得的機會，也是我職業生涯中第一次有那樣的經歷。多虧了「高層」傾聽我的意見並給予高度重視，我也才將自己視為一個專業者，而非只是個「下屬」，那一刻讓我留下深刻的印象。

經營學家湯姆．彼得斯（Tom Peters）說，領導者不是為了製造追隨者，而是為了要塑造其他的領導者。與李勝宇代表一起共事過的職員中，在業界成為社長的人特別多，當領導組織的機會到來時，他的經驗就成了巨大的財富，而我以三十六歲之齡成為美商顧問公司代表，開始接受顧問指導課程也是受到了李勝宇代表的影響。他在擔任代表時，不僅為自己，也為其他高階管理人員提供顧問指導的機會，我親眼見證了這對組織管理有積極影響的事實。當領導者努力為員工培養成長和專業性時，員工也得到力量，體驗了事業的成果，對未來的方向也更明確了。

每當以領導能力為主題舉行研討會時，都會跟與會者分享自己最喜歡和尊敬的上司，那麼優秀的上司有什麼特點呢？

1. **對目標清楚的人：**下達工作指示清晰明白，為了讓職員的明確理解會具體進行溝通，因為若上司自己對目標都不確定，會讓職員懷疑上司「是否知道自己在說什麼？」
2. **充分授權的人：**有些人當上部長後，卻無法適當地放手，仍凡事都要親自盯著，不相信別人，這會讓職員做事綁手綁腳，也會沒有信心。
3. **給予尊重的人：**與職員面談時眼睛一直盯著手機、只顧著確認訊息或郵件，會讓職員感覺不被尊重，真正的領導者是哪怕只有五分鐘，也要讓對方感覺受到關注。
4. **不會給臉色看的人：**對業務執行的好與壞能明確指出、賞罰分明，而不是表現出模棱兩可或有帶情緒性的表達，讓職員感覺捉摸不定得時時察言觀色。
5. **會表達關心的人：**不是把下屬單純視為部門職員，而是當作一個人看待，對職員的目標和所擔心的事情能表現出關心，並願意給予幫助。

進行領導力研習營時，很多參與者都會大談以前的上司的點點滴滴。聽著與會者說著前輩們的「往事」，有時會感到緊張，不禁會想「和我一起共事過的後輩們會怎麼記得我呢？」比起多聽關於培養領導力的演講，多多回顧過去，與現在對應，檢討改善，會更有利於領導能力的成長。

給予建議時請以「前饋」代替回饋

領導者通常會給予下屬回饋，但回饋通常會帶著一點批評，因為講述的內容常圍繞在做錯的地方，這樣容易讓下屬感到失落。下屬即使明白說的沒錯，但身體和心靈還是會抗拒，因為沒有人喜歡長大了還要被人「指責」，人都有防禦心理。因此給予有價值的前饋（Feedforward），反而比回饋來得好，更能令下屬的工作效能提高！

葛史密斯提出以「前饋」（feedforward）代替回饋。以汽車來比喻，回饋就像是在駕駛座及副駕駛座之間的後照鏡，那是要看後方，也就是回顧「過去」的評價。前饋是看前面，也就是未來，為了要做得更好而要求建議的行為。如果問「我在過去一年做得怎麼樣？」來尋求回饋，那麼就以「我在未來一年該怎麼做才會更好？」來尋求前饋。

在對未來的交流對話中，人的防禦心理相對會降低，因為開車要顧前顧後，但大部分視線還是往前看，同樣地，比起回饋，我們需要更多的前饋。假設十二月要進行人事評價，大部分人會等到時間近了，才開始在上司面前求表現，現在來改變一下戰略，在六月左右上半年度結束之際，先找上司討論去年底提出的今年年度目標。

「部長，今年已經過了一半，剩下半年的時間您覺得我有哪些地方需要再努力？請您給一點建議。」

當然，對已過去的上半年度表現尋求回饋也很好。比起默默等待回饋的人，主動詢問意見的職員，上司一定會特別有印象。若再加上進一步針對未來要求給予前饋，那麼上司會不會對你另眼相看呢？

藉此機會，想想我在開會時花在檢討過去的時間多，還是討論未來具體計畫的時間多？最近遇到一位某跨國企業亞太地區總經理，他對下屬職員表示不會特別討論關於過去的問題，而是每兩週召開一次會議具體討論往後的計劃，不過如果發現有什麼狀況，隨時都可以向他報告。

先想想前輩從下屬那裡收到回饋時該如何應對。首先，對後輩給予的肯定不要太沉醉，這些肯定性的回饋大多是假的。「不要因為後輩職員被我說的笑話逗得哈哈大笑，就覺得自己是個幽默的人」，誰會對上司說的笑話不捧場呢？在會議結束後問後輩：「剛才我的報告如何？」這跟要求後輩「說我好話」是一樣的意思。

如果真的想知道自己報告的能力如何，想得到真心的回饋，就要改變提問的時機和方式。不是在報告之後，而是在報告之前說：「今天我報告時，你若有覺得好的地方或是需要改進的部分都記下來，然後再告訴我好嗎？這樣下個月還有更重要的報告，才能做得更好。」這樣一來，即使是比我年輕、職階較低的後輩，也能沒有壓力地提出真心的建議。

我的客戶中有一位企業的高階主管，針對自己身為領導者進行改善的部分，在一年的時間裡每個月向七位包括上司、同事、下屬職員尋求回饋和前饋。一年結束後，進行人事評價時，他得到的結果明顯比前一年更好。那是他提前準備，要求回饋和前饋同時修正調整才有的結果。不要等到年末人事評價時才緊張，現在就來尋求前饋吧。[55]

減少會議，增加與職員對話

「領導者是下屬職員有需要時騰出時間給予協助的人」，這是出自討論領導能力的書籍《領導梯隊：全面打造各級領導人》（*The Leadership Pipeline*）中的一句話[56]。領導者為什麼必須騰出時間呢？成為某人的上司，意味著有義務改善自己部門下屬職員的職場生活，幫助他們更有效率地完成組織中的任務，可以自己尋找解決煩惱的方法，並幫助他們開發專業技能。

上班時間與職員開會，偶爾聚餐，身為上司的我是否有好好為職員抽出時間？觀察的指標之一就是看自己花了多少時間，與工作關係密切的職員一對一談話。談話時上司能做什麼？不要把談話誤以為是忠告，給忠告之前要先提問和傾聽。完成專案後，問下屬從中學到什麼？過程中有哪些困難？以後如果再做類似專案時想做哪些不同的嘗試？需要什麼幫助？用這些問題幫助職員回顧自己，尋找新的方向。針對特定經驗的簡短對話，比起花一個小時聽一般演講或閱讀，對職員在工作上可能更珍貴。對於上司來說，這也是了解職員以及發揮上司作用的時間。

不管是十五分鐘還是半個小時，這段時間要把注意力徹底集中在職員身上，不要不停地看手機、確認郵件，要傾聽對方的想法。在職員提問或提出建議之前，即使有想說的話，也要盡量忍住，因為談話目的在創造職員自己思考、整理及表達的機會。

當職員要求提供建議時應該怎麼說呢？最好坦率地向職員傳達回饋。不管是肯定的稱讚還是需要改善的地方，將觀察到該職員的行為及帶來的影響分開來說。例如「金代理好像有個壞習慣……」，不要一開始就下判斷，可以說：「在過去的一個月裡開了三次會，金代理都沒有提出意見，這樣給主管與其他參與者多少會有被動的印象。」**先描述行為**（在會議上不提出意見）**再談影響**（可能給人被動印象）來進行回饋。如果一開始就下判斷，對方反而會產生防禦心態。

另外，比起「下次開會時多說點話吧」的忠告，不如用「怎麼樣可以讓金代理在下次會議時表達自己的意見？」提問的方式，讓職員思考如何回應上司的回饋，同時也可以詢問職員有無需要幫助的地方。不要忘了，這種一對一談話對職員成長的意義大於業務討論，透過專案執行過程的回顧和分享來協助職員成長。

不過每天都忙得不可開交，什麼時候才有時間跟職員談話呢？先想一想身為上司的我什麼時候比較「忙」，有哪些會議？是否真的需要開會？如果可以調整成隔週開、一個月開一次會，那就能騰出時間與職員一對一談話了。有一點要注意的是，別把這種談話跟吃飯搭在一起，這樣對職員反而可能是一種折磨。上班時抽個二十分鐘左右喝杯茶談談正好，**我們該減少的是會議，該增加的是對話**。

以謙遜的態度傾聽並提問

「我知道你說的沒錯，但如果你是我，就會發現根本就沒有用！」也許有讀者邊看這本書會一邊這樣說。是的，再怎麼正確的話，如果不適用於我的情況，就一點用處也沒有，這也適用於在組織內部領導團隊時的狀況。

組織文化診斷諮詢公司（Human Synergistics International）將「團隊效率」定義為「優秀性」（quality）和「接受性」（acceptance）相乘的結果。優秀性是指判斷力、決策、戰略等條件優益[57]，這主要與邏輯有關；而接受性則受到關係影響，也就是團隊成員是否接受、支持和協助領導者的決策或戰略。優秀性意味著「正確」，但無論多正確的決策，如果團隊成員不接受就只是紙上談兵而已。聰明的負責人知道若無法發揮效果，就算是正確的話，說得再多對方也不會接受。

上司應該如何與下屬建立關係？以感性情商概念著稱的丹尼爾·高爾曼（Daniel Goleman）認為，**傾聽是建立關係最重要的技術**[58]，很重要的一點是不管五分鐘還是十分鐘，都要把注意力集中到對方身上。高爾曼建議，把電話放下，眼睛從電腦螢幕上移開，專注看著對方，全神貫注傾聽對方說的話。先拋開你的判斷和建議，聽聽他有什麼感受和需要，所謂傾聽不只是單純聽別人說話，而是透過提問引導對方說話的技術。

那麼應該如何提問呢？在美國MIT經營研究所研究組織文化，以及開發的社會心理學家埃德加·席恩（Edgar Schein）強調「謙遜提問」（Humble Inquiry）的重要性。席恩教授指出，「單方面說」是以對方不知道我所說的內容為前提的態度，是讓對方洩氣的行為。所謂**謙遜提問，則是以我不了解對方，帶著好奇和關心，以謙虛的態度提問**。他解釋說，謙遜提問才是建立關係的必要因素。

職場中我們可以如何謙遜提問？未來學家丹尼爾·平克（Daniel Pink）建議在組織內部經常提出三個問題：「最近在做什麼？」、「做那件事時需要什麼？」、「有沒有什麼我可以幫得上忙的地方？」平克表示如果組織內成員能夠時常互相提出這樣的問題，那麼組織文化將發生很大變化。

在進行組織交流諮詢時，有時管理人員會詢問該如何進行良好的溝通。通常的第一個建議是，和下屬職員一對一談話，不要想立即給建議或下判斷，只用提問引導對方，傾聽對方的故事。

今天就與同事或下屬一起喝杯茶，試試用謙遜提問，聽聽他們的故事。也許你會發現，不過十分鐘時間，要你不看手機或電腦，集中精力傾聽並不是那麼簡單的事。高爾曼表示改善傾聽技巧的方法，是要先認清其實我自己也沒有認真聽別人說話，因為在開會或聚餐等場合，長官們說的話總是太多。千萬不要以為下面的人都覺得你的故事很有趣、很有益，不要誤會他們都很認真聽，他們其實都在忍耐。

溝通關鍵是先學好提問技巧

聽、說、讀、寫是人類溝通交流的四個要點，小學時都學過。在職場或家庭建立良好的溝通，最重要的是什麼呢？聽。大家應該都聽過，好的領導力的條件之一是傾聽，但是要遇見一個善於傾聽的領導者並不容易。組織成員在開會或聚餐時，現場的高階主管壟斷對話的情況時常發生，看到下屬職員頻頻點頭，對冷笑話也很捧場，以為下屬真的覺得很有趣，就講得更多、更久，但其實惡性循環一直持續著。

雖然知道傾聽很重要，但有些人可能因為不得其門而入感到苦惱。傾聽不是默不作聲的聽，你可以適時提出問題引導對方說出真實感受，**傾聽的關鍵在提問的技術**。在溝通對話訓練中廣泛使用的是「GROW」模式，可以幫助我們在傾聽的同時也適當提問，「GROW」是由目標（Goal）、實際（Reality）、選擇（Options）、意志（Will）的英文第一個字母組成，接下來就來看看詳細內容。

1. 詢問目標：《與成功有約》書中也出現過，在促進一件工作時要預想怎麼結束再開始。舉例來說，在會議中針對某個專案討論時，可以拋出類似「這個專案如果成功完成，和現在最大的不同點是什麼？」這樣的問題。如果與職員談論開發專業性，就可以問他想實現什麼樣的目標。

2. **詢問實際狀況：**「現在的情況怎麼樣？」、「到目前為止已經做了哪些努力？」、「在進行過程中正遭遇什麼困難？」詢問目前的情況、環境、困難以及進度並聽取意見。

3. **談過目標和現在的狀況後，再進一步提出選擇的需求：**「我們可以嘗試哪些方法？」、「你有什麼樣的想法？」、「有其他替代方案嗎？」、「過去有做過類似嘗試嗎？」、「可以從哪裡得到資訊或幫助呢？」

4. **關於意志或促進（Way Forward）的提問：**「從以前列出的方法中，首先要做的是什麼？」、「什麼時候、由誰、該怎麼做？」、「現在最有效率的方法是什麼呢？」

總結來說，作為領導者，如果想好好溝通，就和職員一對一喝杯茶，用提問的方式來展開對話。在會議上除了單方面的「傳達事項」之外，還可以準備三個問題來交流。

有一回收到演講的邀請，我把演講主題定為「溝通的講座？千萬別參加！」製作問卷，與參與者進行實際溝通和傾聽練習。上班族對於溝通幾乎不再想要累積知識，不是不懂，而是知道卻沒親身去做。對今天見到的人提出一個問題，傾聽他的故事，比讀一本關於溝通的書更有價值。

「人要報答願意傾聽自己說話、認可我的價值、徵求我意見的人。這是人類不變的本性。」《華頓商學院最受歡迎的談判課》（*Getting More: How to Negotiate to Achieve Your Goals in the Real World*）的作者，世界頂級談判專家史都華・戴蒙（Stuart Diamond）也這麼說。想想我是壟斷對話的領導者，還是用傾聽與下屬職員連結的領導者？

Side Note 18

馬克・祖克柏每天都穿灰色T恤的原因

使用臉書的人很多，但很少見過在臉書工作過的人。在KAIST研究社群的車美英教授，利用安息年到美國加州的臉書總部工作了一年。我在訪問以高薪和福利著稱的「夢想職場」臉書總部時，有機會與車教授見面，聽她聊聊在臉書的職場生活。

臉書總部最讓人眼睛一亮的，就是內部各種設施。咖啡、飲品免費提供，職員隨時可以自由地像遊樂園般在公司園區內走動，工作時間打撞球或打電動也無妨。以員工福利設施來說，沒有比這更好的了，同時上下班時間也很自由。

但是車教授卻告訴我令人稱羨的福利的另一面，雖然在工作方式和時間使用上享有徹底的自由，但每週必須接受一次與自己負責工作的相關檢討，那種壓力讓人實際上不敢懈怠。雖然工作方式很自由，但要持續不斷與上司討論制定明確的目標，定期確認進度、討論，每六個月一次的人事考核也是很大的壓力。但是臉書組織內有很好的職場導師（mentor）系統，導師會協助減輕員工心理負擔，將注意力導向人生和個人專業開發領域，而不是業務領域，時時幫員工回顧自己的生活，傾聽他們的故事並給予幫助。

車教授告訴我臉書最高經營者馬克．祖克柏（Mark Zuckerberg）為何每天都穿一樣的灰色T恤、他的妻子普莉希拉．陳（Priscilla Chan）為何幾乎脂粉未施的原因。他們兩人為了能最大限度專注在自己追求的核心目標上，盡量減少每天早上挑選衣服、吃飯、化妝的時間。

或許臉書總部內的樣貌對我們一般上班族來說遙不可及，但是從他們的工作方式上，也有我們可以立即仿效或運用的部分。

第一、作為上司要以何種方式領導後輩職員？我是否明確地告知目標，定期確認進度，並給予下屬職員充分主導進行的機會？我有沒有在自己都還沒搞清楚的狀況下，匆促下達模糊不清的指示，或是事必躬親、過度干涉，降低了業務效能？下達指示時，如果明確讓職員知道專案完成後的樣貌，讓職員也有共識，那麼大家也會更有動力。

第二、和我一起工作的後輩是否感受到成長？有時也需要問問後輩對我的觀感，是老提出沒有建設性忠告的老頭子，還是會關心他們、傾聽他們意見的人？

第三、我在生活中目標明確嗎？我為了做出正確的決策做了什麼努力？臉書總部所在地，過去曾是「昇陽電腦」（Sun Microsystems）的辦公室，雖然已在二〇〇九年被甲骨文收購，但祖克柏並未撤除在公司入口處原設立的昇陽電腦標示牌，就保留在臉書的標示牌後面。據說祖克柏的用意是提醒員工，一度站在巔峰的公司若沒有持續革新的話，會有什麼下場。

祖克柏在哈佛大學畢業典禮上致辭時強調，**擁有自己的目標，也要幫助周圍的人建立他們的目標**，雖然在職場中有很多限制，但還是可以在自己能力範圍內幫助別人。如果可以透過一起工作和交流，就幫助別人找到明確的目標不是很有意義嗎？當然這樣的領導者在職場上也會生存得更久。

不要頻繁開會，只會浪費時間

我們是為了工作而開會，還是為了開會而工作？前者才是正常的邏輯，但現實中後者的狀況比較多。如果你有權在組織裡召開會議，同時也想更有生產力，首先要做第一件事就是最大限度地確保職員能獨自專注於工作的時間，因為上班族都是因為開會才沒有時間工作。

週一非得開週會嗎？需要花半天的時間來開月會嗎？組織顧問們在革新會議中經常提出的問題是「如果在未來兩週內取消所有會議，公司會出什麼大事嗎？」其實大部分都沒有什麼影響[59]。那麼為什麼「高層」還是那麼喜歡開會呢？因為自己一聲令下，職員們就會人手一本筆記本聚在一起，透過這樣的活動可以確認自己的力量和地位，只有面對職員說話，才能感受微妙的滿足感。

事實上只有兩種狀況需要開會。一是需要不同部門的人聚在一起，擴大思考範圍以找到最佳想法；或者是必須縮小，集中做出重點決策的時候。會議的初衷是共享訊息，但那是二十世紀的事，現在科技突飛猛進，用電子郵件和各種線上工作就可以交流。二十一世紀是第四次產業革命的時代，有必要檢視像習慣一樣的會議文化的必要性，因為會議是職場中花費時間最長的活動，但在革新過程中卻常被忽略。如果一定要召開會議的話，最好在下午二點到五點之間召開，上午的時間就讓職員們集中精力工作，也不要挑五點過後下班前的時間開會。除非是非常緊急的事，否則更不要在下班時開會，還要員工在第二天上班時交出報告，這種行為請避免。

如果減少會議是組織革新的第一步，那麼第二步就是嚴格選拔出席者。有的長官喜歡「都把人叫來開會」，但真的需要那樣嗎？有一些先進的企業，會先將會議目的、時間、地點公告，除了核心人員，其他員工可以自行決定參加與否。如果認為有需要或對自己的工作有幫助，就可以報名，否則就不出席，當然前提是員工有這種判斷力且充分得到授權。少數核心負責人當然一定要來參加會議，例如掌握最多資訊的人、原本就參與其中的人、做決策的人和執行的人，還有對結果有決定性影響的人。

「一定要參加」和「能參加的話最好」是不一樣的。「能參加最好的人」即使不出席也沒關係，如果是創意會議，最好是不同部門或外部人士參與，才能激發火花。如果是決策會議，就要由熟悉該議題的人一起深入討論。做決策時，沒有異議一致通過可能是危險的，最好先抱持著懷疑，從相反的觀點倒回去想一想。

第三步，雖然大幅減少會議次數，但如果是無論如何都要舉行的會議，就好好做吧！會議的成功取決於會議前的準備和後續措施，如目的和議題設定等。很多企業每天都召開無數會議，卻沒能取得任何成果，只是為下一次開會製造機會。制定會議議程時，內容比發表順序更重要，要具體明確，例如「討論並制定三個解決預算不足的辦法」，避免最後不了了之。另外，會議的結論最好都能制定出執行計劃，而不是只有討論想法而已。在表定會議結束前十分鐘就回到各自的座位，延續會議的氛圍，迅速確認並整理自己應該執行的部分。

召集十個人開一小時的會，這不是一個小時的會議，而是「十個小時的會議」。如果你有職權在單位中發起會議，那麼只要減少開會，就能為組織和職員做出極大貢獻。經濟學家湯瑪斯·索維爾（Thomas Sowell）說：「喜歡開會的人，不應該成為任何事物的負責人。」這句話我完全有同感。

領導者思維：以性平觀點，理解並實踐女權主義

一、餐廳員工看起來很年輕就對他講話不客氣。

二、與女性發生爭執威脅恐嚇，但若是男性態度完全不同。

三、經常說「我們那個時候不是這樣……」

四、男人的性慾是本能。

五、男人涉足聲色場所是社會生活的一部分。

六、見不得女職員能力強。

這些都是我參與的研討會討論課題。我在三年內有近二十次接受過關於女權議題的「家教」，我是學生，老師另有其人。其中一位是文賢雅博士，她在研討會一開始就提出上述問題，那次研討會讓我發現自己原來對以男性為主的思維和語言一直很熟悉。

會舉行那次研討會也是有原因的。幾年前，我在某廣播節目中推薦書籍時，曾使用過「女性作家」一詞。聽到廣播的妻子建議我最好不要使用「女性作家」，我聽了瞬間覺得很羞愧，不知道自己為什麼會脫口說出那個詞。妻子反問我：「當你介紹男作家的時候，會說是『男性作家』嗎？」我受到衝擊，雖然並非很關注女權問題，但我自認在想法上是忠於性別平等的思考。其實若真要強調，我可以說「女作家」，但我卻在不知不覺中以「男人＝人類」這種以男性為中心的思考方式說話，於是我向研究性別平等的文博士尋求幫助。

從以上幾點可以看出一些關於女權主義的要點。

第一、正如茱莉亞・伍德（Julia Wood）定義的，女權主義與其說是女性優先主義，不如說是「尊重生活、為平等積極獻身」的態度和行動。女權主義的基礎避免因對方年紀輕就講話不客氣，或說出有性別歧視意味的言辭及行為。

第二、上述問題中的第四點，是某位內定為部長的人在其著作中寫過的內容，這是不容輕忽的問題，因為過去從朋友和前輩把酒言歡中得到的性教育就是全部。文博士告訴我們，如果性慾是本能，那麼不僅是男性，應該是所有人類的本能。

今後要在職場生存並成長為領導者，就必須以性平的觀點來理解和實踐女權主義。回顧過去習慣用語可以作為實踐女權主義的起點。我們經常聽到「年輕女人……」、「年紀比我還小……」要自覺到這些話隱藏性別歧視的問題並加以注意，如果身為有權決定晉升或加薪的主管，那麼就應該以性別平等為基礎來做決策。比起職場中任用女性人數的多寡，在高階管理人員會議中男女數量是否均衡，更進一步在改善意見或決策時遵守性別平等原則才是更重要的。

在大企業高階主管的研討會上很難看到女性主管。相反，在韓國的外商中，女性管理人員和 CEO 很常見，「不是因為韓國沒有女性人才，而是說明韓國企業文化至今尚未具備性別平等的觀念。坦白說，我之所以關注女權主義，一開始是為了我的專業和事業，二〇一八年「MeTwo 運動」在韓國社會掀起話題，之後在提供企業諮詢和領導力研討會時就開始加入性別平等的觀點，因為如果不重視這個議題，會對企業造成負面影響。未來的趨勢是無論年齡、性別、性取向、學歷等，如果不能尊重並平等看待不同，就很難成為好的領導人。

不要隱瞞脆弱，要有能分享心情的朋友

我們有時候會洩氣，也有很辛苦和痛苦的時候，有時候腦子裡亂糟糟的就這樣度過

一天。這些問題誰都會經歷過，只是時間、理由、程度略有不同，今後也會還有遇到那種失志的感覺，無法擺脫，這種時候需要什麼？

想一想最近「真正」對話是什麼時候？在公司進行的無數「對話」中，真正分享心聲的情況有多少呢？在許多事情需要快速處理的單位，溝通目的多半是盡速完成工作，在工作崗位上，沒有必要與上司、後輩、同事分享心得。但是我們在職場內外會遇到各式各樣的人，遇到困難也會絕望，這時在空蕩蕩的會議室裡，至少需要一個可以講電話，或者下班後喝杯茶，分享真心的人。他可能是老朋友，或是一個很能傾聽的人。

村上春樹在《沒有色彩的多崎作和他的巡禮之年》寫道：「人心和人心不僅是因調和而結合，反倒是以傷和傷深深結合。以痛和痛，以脆弱和脆弱。」因這話得到靈感而寫了《共鳴的語言》一書的主播鄭容實也說，我們是需要「以痛與痛、懦弱與懦弱深深連結的存在」，也就是可以和這樣的對象分享「共鳴的語言」。對我來說，這樣的對象是誰？我又是誰深深連結的那種存在呢？其實我們長時間在公司裡都是「逞強」的過，不懂裝懂、有問題裝作沒問題、懦弱假裝強悍，心裡一邊想著「別人都做得很好，為什麼只有我這樣……」獨自傷心。

「逞強」在競爭狀況中有時或許會有幫助，但是對一起分享心情的朋友，或同事之間並沒有幫助。在哈佛大學商學院中研究組織行為論的傑夫．波爾澤（Jeff Polzer）提出了「脆弱循環」（Vulnerability Loop）的概念[60]。如果一個人發出脆弱的訊號，對方也會以脆弱的訊號來回應，彼此都保持脆弱性，這會造成兩方高度信賴，組織顧問派屈克．蘭奇歐尼（Patrick Lencioni）將其稱為「基於脆弱性的信任」（Vulnerability-based trust）。

當我先發出脆弱訊號時，對方是會表現出強勢的態度，還是也向我展現脆弱性呢？這個差異可以判斷我是否可以和對方進行真正的對話分享心情，是不是可以信任他，與他有站在同一邊的感覺。

不久前的一個研討會上，與會者互相分享脆弱的一面。社長和高層管理人員圍坐在一起，談的不是銷售業績，而是自己在人生中最艱難的時刻、曾經遭遇最大的失誤等。分享弱點不是讓人變得軟弱，而是在彼此都放鬆心情的情況下同時創造連結。

社群媒體具有快速分享訊息的特點，但是每個人都分享自己最精彩的瞬間，會誤以為除了我以外，大家「都過得很好」。參加社交聚會時，可以獲得從社群上無法獲得的資訊或人脈，但有時會覺得尷尬或心累，這是因為每個人都必須以自己的方式「逞強」或觀察別人。

這不是叫你不要玩社群或不要參加社交聚會。在常常忙碌與過勞的職場生活中，我們都需要一個可以分享脆弱一面的對象，或是一個機會。如果你身邊已有這樣一個人，要記住這是值得感謝的事，或者倒杯熱茶、坐在書桌前，一個人在空白筆記本上寫下心情也是個好方法。

學會好好道歉的方法

生活和開車其實蠻相似的，誰都可能會碰上「衰事」（bad news）。有時是不小心，例如在積雪的路上開車，可能會誤踩油門或方向盤轉錯而導致擦撞；生活中也是，我們常會因為不熟悉或不注意而發生事故。有時是自己明知故犯，例如明明喝了酒卻心存僥倖開車結果出了車禍；明知是錯的，卻還是去做，結果就造成麻煩。或者也會因他人的失誤而發生事故，例如被闖紅燈的車撞到，生活中也會有運氣不好的時候。

在職場生活中一樣，會有自己犯錯的時候，也會因別人的失誤而被連累，受到影響或必須承擔責任，有時如果是因為我的失誤還波及到別人，會因此後悔不已。

新聞報導中那些因失誤或犯錯而曝光的名人如何回應，都會是大眾注目的焦點。他們會選擇保持沉默，不然就是找藉口為自己解釋。他們道歉的時間、內容和態度若不妥當，就會受到更多的指責。在職場生活中，也會遇到大大小小的失誤和錯誤，必須認錯、道歉。那麼該如何好好道歉？首先要了解一句「對不起」並不代表道歉的全部。如果要道歉，比起「對不起」（I am sorry），用「我錯了」（I was wrong）更恰當，因為**道歉的核心是承認錯誤**。

最讓人遺憾的道歉方式，是在後面接著「但是」這樣的連接詞，這代表接下來是長長的辯解。或者說「如果你（受害者）覺得不高興」這樣假設的句子，就會失去道歉的誠意。CNN曾介紹所謂「完美的道歉方法」[61]，建議如果犯下的錯誤是瑣碎的，就等到累積成「堆」再進行道歉。這是因為縮小自己的失誤或錯誤，會激起對方、特別是受害者的憤怒。這種情況下，歷史上最古老「調解」矛盾的工具——道歉，反而會「助長」矛盾。

第二，道歉並不代表你就是「輸家」（Loser），在自己的失誤和不承認錯誤的心理中，存在擔心自己的權威會降低的恐懼。社會心理學家羅伯特·席爾迪尼（Robert Cialdini）在解釋被信任的權威時表示，人們在評價信任時，會根據那個人如何處理自己的弱點為基準。經營學家西恩·塔克（Sean Tucker）與研究小組透過研究，從承認自己的錯誤並道歉的人身上，發現了更具變革性的領導力。[62]

即使沒有專家研究的論文，只要想想對承認自己的失誤或錯誤並真誠道歉的人，和不承認錯誤的人，我們會如何評價？就能知道自己遇到那種狀況時應該怎麼做。

但是為什麼還是有那麼多人不能好好道歉呢？在神經科學中可以找到答案。受到壓力時，人類大腦中最發達的領域，在決策時的核心前額葉皮質（prontal cortex）的作用會減少，與感情相關的扁桃體（amygdala）的作用則會變大。人從理性變成感性，面對自己的失誤和錯誤，人們會驚慌失措，壓力隨之而來，就無法進行合理的思考。

那麼該怎麼辦？在這種情況下，最好不要獨自判斷，因為當自己犯錯時，要懷疑自己防禦性的判斷，自我合理化的道歉對於聽的人來說是非常不合理而且沒有誠意的。最好的方法是，打電話給與我沒有利害關係卻值得信賴的人商議，這樣有助於幫我做出合理的判斷。

禮物會連接幸福感，送禮技術很重要

禮物和幸福感之間有關係嗎？在加拿大英屬哥倫比亞大學研究心理學的伊莉莎白·鄧恩（Elizabeth dunn）教授，以及拉拉·阿克寧（Lara Aknin）教授，哈佛大學商學院的邁克爾·諾頓（Michael Norton）教授，在二〇〇八年發表了一篇有趣的論文在《科學》雜誌上。[63]

他將人們的收入分為個人支出、為他人買禮物以及捐贈，看看不同對象的花費與個人幸福感的關係。結果證明，為他人花費的支出與幸福感有重要的關聯性。他們在說明實驗結果時表示，**如何花錢和賺錢一樣重要**。

我們在公司或家庭有時會互贈禮物。禮物的原意應該是不帶任何回報心態的付出，但也有人認為不期待回報這一點是太過純真的想法。「金英蘭法[64]」所體現的現實，意味著韓國社會存在很多期待與條件交換過度的「禮物」。事實上，禮物所具有的真正力量，只有在感覺到對方對我毫無期待時才會產生，因為這樣會更感謝送禮者，並喚起「我也想為回報點什麼」的念頭。

送禮也講技術嗎？羅伯特・席爾迪尼指的是增加禮物效果的三個條件。

第一、配合對方時。真正的禮物來自真誠的關心，先了解對方喜歡和需要什麼，然後根據自己能力給予。我曾與席爾迪尼教授共度一個星期，在我們第一天見面時，他就很自然地問我喜歡什麼，我說我的興趣是做木工。一個星期之後我們要分開時，他送我一套木工工具及很漂亮的木工藝品，那時我才知道他在第一天就問我喜歡什麼的原因。

第二、具有意義時。在送禮物的時候，送對方喜歡的禮物固然好，但有時搭配你自己喜歡或感興趣的東西也很好。有實驗證明，送禮物時，搭配自己很喜歡的歌曲比對方喜歡的歌曲會讓你們感覺更親密。[65]

第三、不具期待的收到禮物。在不抱期待時收到的禮物更讓人感動。雖然像中秋節一樣的節日或生日等對方期待的時候送禮物是必要的，但是給家人、朋友或同事期待之外的禮物，會讓他們驚訝和感動。

送禮物時，比如送紅酒，順便附上開瓶器等小配件，會提高禮物的價值嗎？根據最近的研究，大禮物和小禮物加在一起的時候，收到的人會無意識地將大小禮物的平均值來評價禮物價值，而不是總價。也就是說，雖然同時送紅酒和開瓶器，但在心理上，兩個加起來的總價還是比不上單獨一瓶紅酒的價值。[66]

如果想給上司或後輩送上一份好禮，可以先回憶一下我在工作期間收到的禮物中印象最深的是什麼？會讓人留下深印象的不是送什麼禮物，而是抽出時間傾聽他們的苦惱，並提供真誠的稱讚或幫助。給公司前後輩或同事準備久違的小禮物和卡片怎麼樣？或是送給幫忙打掃辦公室的清潔人員，守護我們的大門警衛。因為真正的禮物不僅能讓接受者感到幸福，還會讓提供者幸福。

Side Note 19

向政治顧問學習的職場生活

在總統選舉中，向候選人提出選舉戰略建議的政治顧問這一職業，現在我們已經很熟悉。政治顧問一詞第一次出現，是在提到美國的約瑟夫・納波利頓（Joseph Napolitan, 一九二九～二〇一三）時。他不僅是前美國總統約翰・甘迺迪、林登・詹森，副總統休伯特・韓福瑞等眾多政界人士的顧問，連歐洲和亞洲的政治家也向他諮詢。

一九五六年他開始擔任政治顧問，到了一九八六年，為了紀念從事政治顧問職業三十年，他寫了一篇名為《三十年政治顧問生涯中學會的一百件事》（*100 things I have learned in 30 years as a political consultant*）。[67] 雖然發表已經三十年了，但重看一遍還是覺得對生活在現代的上班族深具啟示。

參加總統選舉的人都要就自己為何參選做正式的發表，這其實與參議員愛德華・肯尼迪的失誤有關。一九八〇年他挑戰當時的總統卡特（Jimmy Carter），宣布參加初選，在回答「參議員為什麼要競選總統」時猶豫不決，結果胡言亂語，沒能明確說出理由的他最終放棄了當總統的夢想。

雖然不是候選人，但這個軼事給上班族一個啟示，如果在求職面試或爭取晉升時，要如何回答「為什麼選我？」這個問題。我做過什麼、想做什麼，我和其他人的差別在哪裡？這些問題正好與塑造自己的專業性息息相關。還有為什麼客戶要找我合作？或許很難回答，但光是思考這些問題的過程，就足以讓我們回顧自己的差異性和專業性。

當你從上班族轉變為專業者的過程中，將自己的專業性定位在一個領域後，應該就能夠解釋為什麼把這份工作當作自己的專業來發展了。在職場生活中，偶爾會遇到有人在背後說我壞話的狀況，知道時一定又驚慌又生氣，那麼政治高手納波利頓會有什麼建議呢？

他說首先大概會有以下四種狀況，一是有人說我的壞話，但是沒有公開；二是傳到我耳裡的只是一小部分；第三，傳話的人可能為了刺激我而加油添醋；最後是當初說我壞話的那個人可能說完就後悔了。因此結論是不要因為聽到了壞話就反應過度。事實上，很多都是傳話的人誇大其詞。如果太在意只是讓自己傷心而已，不要在意那些話反而比較好。但是如果有人公開誹謗，直接傷害我，那該怎麼辦？納波利頓引用舊政治諺語冷靜地建議：「不要生氣，以其人之道還至其人之身。」

最後，他說在競選活動中，敗選會比勝選學到的東西更多。職場生活中，我們經歷過大大小小的失敗，有時沒能升職，有時會遇到被上司或客戶拒絕的狀況，或是沒能好好帶領職員而遭遇挫折。誰都會失敗，但重點是要從這些失敗的經驗中學習，利用這些大大小小的轉折點為自己的職場生活製造機會，千萬不要逃避失敗。

從「弱連結」關係建立人際網路

想轉職或跳槽，那麼要從哪裡得到相關訊息呢？美國史丹佛大學教授馬克・格蘭諾維特（Mark Granovetter）的論文〈弱連結的力量〉（*The Strength of Weak Ties*），是被引用次數最多的社會學論文之一。這個一九七三年刊登在《美國社會學期刊》上的論文，以多久見一次為基礎，分為「經常」（至少一週見兩次面的關係）、「偶爾」（一年一次以上，但一週見不到兩次面的關係）和「幾乎沒有」（一年一次以下的關係），從中發現轉職的途徑。結果顯示，「經常」占一六・七％，「偶爾」占了五五・六％，「幾乎沒有」占了二七・八％。正如論文題目所指出的，從偶爾見面的弱連結獲得重要訊息的可能性最大，這是這篇論文的重要發現。

想想每天在公司見面的同事，他們和我知道的、想的應該很相似。因為在同樣的環境下，收到的都是類似的訊息，並會透過會議等形式共享。所以像腦力激盪會議中，如果參與者同質性太高，就很難產生好想法。即使我的同事不了解我，但對我重要的情報，他選擇不與我共享的可能性比較大，因為我是潛在的競爭者。但是與弱連結關係的人，也就是一年只見一兩次的人進行交流，對他們來說不重要的訊息也許對我是重要且有用的。該論文出版已經四十多年，在與弱連結交流活躍的社群媒體時代，依然被廣泛閱讀。

這項研究讓我們重新思考上班族的人際網路本質。人際網路是什麼？如果認為只是和公司前後輩每天下班一起喝酒的話，就趁這次機會重新想一想吧！在弱連結關係中，就算一年只見一次面，進行有意義的對話（非指互相問候祝福的場面話），好的訊息或想法還是會透過人際網路傳達過來，也就會產生相互性。意思就是說，如果希望別人給我好的訊息或想法，那麼我也要提供給對方，有點像投資收益的概念。只要在關係上先展現信任，並給予幫助，即使時間流逝，對方有機會還是會直接或間接給我幫助。

二〇一六年我到美國出差時參加了研習營，偶然與在紐約與爵士樂專家麥可．高登（Michael Gold）博士見面，聊天時發現了共同關心的話題，就是關於爵士樂即興演奏對商業產生的影響。後來我在韓國某研討會上受邀發表相關議題，我想起了他，便向主辦方推薦，邀請他來韓國一同參與。之後他在美國有個機會，也邀我一起共同發表，我們還聯名寫了有關爵士樂和領導力的文章投稿到雜誌。

每當有工作或事業機會時，人們總會想起弱連結的朋友，最近跟誰見過面、說了哪些印象深刻的話，或者那個人曾幫過我，於是這次正好可以回報他。正如前面所說，隨著年齡的增長和事業經驗的累積，親身體驗到推薦的力量很大。人際網路並非指要與很多人頻繁交流，常常約吃飯、喝酒，而是指與偶然見面的人，針對彼此關心的主題進行有意義的對話，我所掌握的訊息或技術便可以毫無負擔地提供給對方。即使沒有立即的回報，也要先給予幫助，弱連結中的付出也許微不足道，卻可能對未來轉職產生很大的影響。

Thinking 8

與我共事的人，會覺得我是怎麼樣的領導者？

（吃完飯後在咖啡店）

藍 這一章是在這本書中分量最多的吧。

湖 是啊。這一章是關於樹立領導能力評價的內容，這裡面有太多因素相互作用。領導的行動、溝通、語言使用、失誤和道歉、禮物、人際網絡等有關的事情很多。

藍 我目前只是課長，還從未想過自己是個什麼樣的領導者。但是讀這一章的時候，從領導力的角度回顧我的職場生活是最有意義的。其實前幾天才進行了三百六十度績效評估，有種被批鬥的感覺，聽說我們公司課長級幾乎沒人自願要求進行三百六十度績效評估。

湖 很好啊，結果出來了嗎？

藍 嗯，上司、同事、後輩職員全包含在內，一共有八個人參與。預想到的部分不少，出乎意料的是，在我給予回饋或提出想法時，有好幾個人覺得我是帶著防禦性的。後輩們並不覺得我可怕，但有人說我很難親近，這點我有些意外。

湖：誰都會這樣，雖然自己看不到，但別人看得很清楚。

藍：我想試一下這一章提到的「前饋」。與參與評價的八個人一一見面，先分享我領悟到的事實，然後問問他們「我想在這個組織內成長為更好的領導者，應該怎麼做才好？」聽取他們的意見，不管是前輩還是後輩。

湖：很好。就像思考專業性一樣，想一想希望成為什麼樣的領導者。是會傾聽的，還是注重績效改善，或者是容易親近、具有建設性的領導者。

藍：OK，我再想一想。如果阿湖不介意，和我用 GROW 的方式聊一下吧。對了，還有一件事。

湖：什麼？

藍：在三百六十度績效評估項目中，八個人對我在業務上擅長的部分各自提出意見，例如說我很有責任感、誠實、企劃的點子很好等，可是沒有人認為我對 CSR 很了解，雖然這或許是理所當然的……

湖：很好的發現。就像上次說的那樣，現在寶藍腦子裡有「寶藍 = CSR 專家」的想法，但是對於與妳一起工作的同事來說，腦海中尚未建立這個公式。既然已經發現了，那麼接下來就要在組織內多展現你的專業。

藍 是啊。不過還有一個問題。我知道領導者的聲譽很重要，但這和轉換為專業工作者有什麼關係呢？

湖 那部分沒有好好說明。如果說上次的對話都是關於「專業者」這個單詞中「專業」的部分，那麼接下來就要講到「人」了。如果寶藍建立了「專業」，但本人卻在職場內得不到尊重，也就是身為領導者的評價不好，會怎麼樣呢？

藍 會對我的專業品牌和名聲造成打擊……

湖 沒錯。那樣就沒有用了，會變成「工作做得好卻又沒禮貌的傢伙」。

藍 把專業者看作一個概念，把技術層面的「專業性」和人格、領導力分開來看。現在我了解了。

湖 沒錯。有時組織會因為「沒禮貌的人」而左右為難，接下來我們一起來看看這種情況應該如何應對吧。

第九章
在組織中守護自己的方法

「有句話說『工作難可以忍，但難相處的人不能忍』，在公司有個像X的屬下，還有個什麼事都不管的組長，夾在中間真的好累。」

——上班族，三十九歲

Question 9

湖 這裡真不錯。「Woolf 社交俱樂部」這個名字也很特別，現場感覺比照片上更溫馨。

藍 嗯，這是我很喜歡的咖啡店兼酒吧，這裡也賣酒。阿湖喜歡威士忌吧，我請你。上面掛著的板子寫著「More Dignity, Less Bullshit」（更多的尊嚴，更少的廢話）我很喜歡。這次由我來挑選地方，不錯吧。

湖 挑得很好。和今天要聊的主題也很搭，今天的問題是這個：

創造專業，對我來說的困難點在哪裡？
我是為了滿足其他人而壓抑對自己的期待嗎？
為了越過這道牆，有什麼方法可以找回我自己？

藍 這個問題很實際，很難回答啊。

湖 沒錯。在這一章，我們要以獨立專業者的角度來看待自己，思考如何應對外部壓力或不公平。

人是絕對不會變的。現在讓你難受的人，他可能是公司上司、客戶、同事、下屬，也可能是朋友、父母、兄弟姐妹、或是配偶。生活中感到痛苦的原因大多是來自「某個人」，而非「某件事」，如果給我帶來傷害的人絕不會改變，難道就沒有希望了嗎？

不，我們可以改變對待那個人的方式。雖然要改變說話的方式或相處模式來面對那個人，光想像都覺得很有負擔，但這會不會使問題變得更嚴重？很多時候，其實是我們對自己說「改變可能也不會比較好」，自我合理化的藉口而已。

韓國國家人權委員會以一千五百零六人為對象，對職場內的霸凌情況進行了調查，並於二〇一八年對外公布結果。有四分之三的上班族（七三%）在最近一年內於職場中尊嚴受到侵害或敵對，至少有過一次威脅性、侮辱性的經歷。有接近一半（四七%）的人在一個月內遭受過一次以上的刁難。三分之二的人（六七%）曾因為工作上的折磨而想過離職。另外在最近一年內放棄工作的人中，有近一半（四八%）是因為職場霸凌。

受害者是如何應對的呢？六〇%的人從未採取過特別的對策；二六%的人直接向加害者提出質疑；十二%的人向主管或相關機構投訴。後來加害者如何應對？一半（五四%）的人沒有受到任何影響。但也有三九%的人向受害者道歉；其中九%私下道歉；八％受到懲戒或調職；另外八％自請調職或離職；五％以金錢賠償（以上有部分重複）。

看到這樣的統計後，有人會想：「是啊，一半以上的人不會做出任何反應。」有人看到的是「有一半的加害者根本就沒事，是不是應該做些什麼才對啊」從另一個角度來想，不管用什麼方式，都要讓那個人改變才行。另一方面，我應該改變應對方式，才可能引導加害者改變。

職場霸凌不僅針對個人，也會針對團體。二〇一五年，在國定假日聖誕節凌晨，某公司強迫員工攀登智異山，以示公司團結，結果造成一名員工猝死。韓國國內某知名銀行新進員工訓練之一是行軍一百公里，因此要求女性員工必須調整生理期，為此提供避孕藥結果造成問題，該銀行現在對行軍訓練是否調整正在考慮中。在發生事故或有人提出問題之前，那些規則是不會改變的，因為每年都進行的活動，公司根本不認為會有問題，因此我們必須學會如何拒絕。

在問題變嚴重之前，先說出來比較好，但要怎麼說呢？首先，**要說出感受**，「你這樣對我時，我就會覺得（不舒服、生氣、難受）。」

第二，**表達意志**，「我想和你好好相處，所以請你不要那樣對我。」如果一時無法直接面對面的話，用書面的方式也可以。可以先向信賴的專家諮詢，有時也可以用不記名的方式向社群媒體透露。

或許會擔心「試了也沒用」或「萬一鬧出更大的問題怎麼辦」，而不採取任何措施，當然這也是自己的選擇，但是要思考我可以有不同的選擇，我內心有力量和智慧用不同於以前的方法應對。我們有著比自己想像的更大的力量[67]，只是不習慣在有權勢的人面前使用，但人生太珍貴了，不能讓對方繼續折磨我。

從上班族變成專業者的過程是要成為更獨立的人，無論是上班族還是專業者，在組織生活中都會遇到難受的事，只是被公司束縛的上班族和獨立的專業者，看待自己的角度和應對方式會不同。在這一章讓我們看看如何在組織內遭遇困難時守護自己。

職場上遇到不合理，要學會「不聽話」

「制度無法保護自己」，這是研究大屠殺的耶魯大學史學教授提摩希·史奈德

（Timothy Snyder）說的話。[68]上班族依法應得到休假保障、適當的薪資，包括上司在內，在公司有權享有正當合乎人性的對待。

但是周圍還是有意見不受重視，一年連五天休假都沒有、被工作折磨，或被扣薪水、被言語辱罵或暴力折磨的人。公司制度上規劃在家工作或彈性工時等看似不錯的福利制度，並藉此對外宣傳，但在現實生活中卻是實行困難。這些不滿只會出現在員工三三兩兩的聚會上，在組織內不會有任何變化。借用史奈德教授的概念來說，為員工準備的這些制度，要想在職場現實中正常運轉，需要使用者的幫助，也就是說，只有上班族們合力要求，才能保障制度實行，而不是苦等公司主動啟動。

我曾在倫敦看音樂劇《小魔女瑪蒂達》（Matilda），故事是描述一個具有超能力的五歲小女孩瑪蒂達，教訓「沒有概念」的父母和校長，幫助老師找回失去的生活，最後決定離開父母，與老師一起生活。該音樂劇的核心臺詞之一是「naughty」，意思是沒禮貌、不聽話、調皮。讓我們來看看音樂劇裡《naughty》的部分歌詞。

我們被指示做該做的事，
但有時你需要嘗試調皮。
就算人生有些不公平，
但不代表你必須忍受暗自哭泣，
如果你總是默默承受就不會有轉機……
但卻沒有人為了我改變過什麼，
我只能自己改變屬於我的故事。
有時你需要嘗試調皮。

我們從小被教導要聽話，在家裡聽父母的、學校聽老師的，長大進了職場「聽前輩、上司的話」，但這是過度的美德。確實，有時面對不當的父母、教師、前輩、上司仍默默跟隨，以為這樣就是「善良的人生」，這完全是個大誤會。上班族為了維護自己的權利，保護職場好制度，有時需要像瑪蒂達一樣「naughty」，當遇到不當的對待時，就以「沒禮貌」的行動反擊吧！

二〇一四年大韓航空的「果仁回航」＊註1事件和二〇一八年「潑水門」＊註2事件有個重要區別，二〇一八年職員們聯合起來戴著面具進行公開示威。他們想要的並不是公司倒閉，相反地，他們反而保護自己喜歡而入職的公司，希望公司變成更好的職場。他們的訴求是要求公司內部接受當然的權利——人性待遇，要求老闆不要因全家人的非法行為，而把員工拖下水。因為二〇一四年事件發生時，老闆一家公開承諾會改善，員工們抱著期待，但最終反應出人果然是不會輕易改變，員工們只好站出來保護自己、制度和公司，愛公司的那些員工，冒險走上街頭，因為這是他們投身工作的地方。

職員們直接出面是保護制度的一種方法，另外也可以尋求外援。二〇一六年底，某餐飲企業拖欠了四萬四千多名員工共八十三億多元的薪資，將事件曝光的是一位政治家。拋開政治傾向不談，上班族也可以選擇重視人權、工作權等議題的政治家幫忙發聲。

註1：大韓航空副社長趙顯娥（大韓航空公司社長之長女）以乘客身分乘坐大韓航空，因不滿空服員發放果仁的方式，強迫空服員下跪道歉，並要求飛機回航。

註2：大韓航空社長的次女趙顯玟，在商務會議上辱罵廣告公司經理，並向對方擲水杯。

史奈德的忠告不僅對歷史、對上班族來說也是非常重要的教訓，「制度有助於維持秩序，而制度也需要我們的幫助。如果不能為制度行動，把制度變成我們的，就不要再說『我們的制度』如何如何。制度是無法保護自己的。」

改變情緒化上司，你的態度是關鍵

如果上司或客戶總是高聲大罵？甚至有時無法控制自己的情緒，拿水杯扔員工該怎麼辦？每當快要被忘記，又會被挖出來成為社會焦點的「老闆一家」的蠻橫行為已經不令人驚訝了。周遭的人雖然沒有到那種誇張程度，但還是會看到因攻擊傾向或情緒化的上司而受苦的員工，我也受過類似的苦。

首先，我們來看看職場中具攻擊傾向的人的心理。研究組織行為的專家羅伯特·庫克（Robert Cook）以及臨床心理學家克雷頓·拉法提（Clayton Lafferty）將領導者的行為分為三類：

1. **建設傾向**（constructive style）：不僅指熟練的業務執行能力，還有與人們合作共謀工作的能力。

2. **被動的傾向**（passive style）：是指為了得到別人的認可，不明確說出自己的意見或按照習慣行動的傾向。

3. **攻擊性傾向**（aggressive style）：是指會為反對而反對，過度競爭、追求權力的傾向。

有趣的是被動傾向和攻擊性傾向都屬於防禦性心理，即「被動的防禦性」（passive-defensive）、「攻擊性防禦」（aggressive-defensive）的傾向。

被動傾向是防禦性的，這很容易理解。不堅持自己的主張，迴避矛盾，順應他人指示的姿態，都是為了保護自己而採取的行動。但是「攻擊性防禦」傾向本身看起來就矛盾，因為攻擊和防禦是相反的，為什麼攻擊本身又是防禦性的呢？經常在會議上大聲咆哮，甚至丟擲物品、極端攻擊傾向的人，內在有著強烈的自我防禦心理。就像狗攻擊性的吠叫，也代表恐懼的心理，對於與自己不同的意見，習慣以攻擊性的方式表達，怕對方會無視自己的一種防禦性心理。

在攻擊防禦性傾向中，權力傾向較高的人執著於自己的地位，如果對方或情況不受自己的控制，心理上就會感到恐懼，而這股恐懼經常用憤怒來表達。對他們來說，職員是控制對象，對一起工作的人，同僚的意識很淡薄，因此他們若提問或有不同意見，就是對自己權威的挑戰，用暴力的方式做出反應。這種人當然很少會承認自己的失誤，這種傾向對周圍的人和自己都不健康，或許在短期內可以提高業績，但隨之而來的損失太大了。這些損失包括員工離職、身為領導者但聲譽不佳、影響心理健康等。

如果我的上司或客戶是這種傾向該怎麼辦？具有攻擊傾向的人自行改變的情況很少。如果要改變對方，那麼我對待他的方式會是重要的情況因素。這是什麼意思呢？當發現人們對自己暴力行為的反應與過去不同時，他們就會警覺。例如，過去畏畏縮縮的員工們，現在表情與以前不同，會表現出不滿的情緒，甚至開始反抗，他們會感受到情況已今非昔比。

重點是他們察覺如果繼續採取暴力，就會失去自己最重視的地位，這時才會有變化。新的社長來了，不容許高階主管的暴力行為而予以警告，或者當發現自己在職場中的暴力行為，可能會被上傳到社群媒體、可能威脅到自己的地位時，當部門的人才紛紛辭職，影響部門運作時，他們才會重新思考自己的行為。因此暴力的直接或間接受害者，可以採取公開與非公開的應對方式。

為了工作的推動，組織內其實有限度的需要攻擊性傾向的人，但是過度的攻擊性傾向會破壞他人、組織和自身。習慣以暴力的言語和行動證明自己地位的人，聽聽英國前首相柴契爾夫人的話吧，「當一個領導者就如同當一名淑女，如果你還需要別人提醒，你就不是真正的領導者或淑女」（Being a leader is like being a lady. If you have to remind people you are, you aren't.）。

思考你想守護的價值，拒絕不正當的要求

二〇一六年上映的電影《薩利機長：哈德遜奇蹟》（*Sully*：*Miracle on the Hudson*）的真實人物切斯利·伯內特·沙林博格三世（Chesley Burnett Sullenburger III），他在二〇〇九年駕駛客機在紐約上空飛行時，因與鳥群相撞，兩部發動機都出現

了故障。在引擎被濃煙籠罩的情況下，果斷地將飛機降落在紐約哈德遜河上，拯救了機上的乘客和機組人員，當時美國民間航空公司，並沒有進行過飛機降落到河面上的訓練。事後接受訪問，他說只接受過腦海中著陸的訓練，但這在實際情況中有幫助。這就是為什麼電影院播放電影之前或飛機起飛之前播放的緊急逃生影片要仔細收看，在腦海中事先想好緊急動線，因為危急關頭人人都會手忙腳亂，必須事先想好在非常時期採取什麼行動，才能加以應變。

詹玫玲（Mary C. Gentile）教授指出，應該將企業倫理教育的主要問題從「什麼是正確的行為」改為「如何將常識性知識化為實際行為」。她表示，上班族在違背自身價值觀的情況下為了妥善應對，事先在腦海中進行的思考實驗（thought experiment）和模擬是很重要的。69

同學一邊說「朋友是做什麼的？」一邊拜託你幫忙在招聘新職員或選定合作廠商時放水時該怎麼辦？當朋友和我的價值觀有衝突時該怎麼辦？詹玫珍教授表示，可以引導人們使用「狀況重組」來進行事故實驗，也就是說，對於那些一邊咬住友情，一邊進行不正當請託的朋友來說，同樣使用友情的價值，但也要重新調整情況。「我不想得罪身為朋友的你，那麼你是不是也應該考慮到我的感受，這樣的請託會造成我的負擔」，像這樣反過來也用友誼來制衡。

有個在某企業擔任組長的朋友曾前來諮詢。他好不容易從公司得到了增加一名人員的許可，原本打算從外部選拔一名專家，但社長問他能否讓自己的祕書去坐那個位置。那個祕書雖然是個好職員，但對朋友這一組的業務不熟，面對這種為難的狀況，組長應該如何應對呢？他反過來用平常社長對他們這些組長的方式表達意見，「社長，今年我們部門實現了目標，員工的專業性也提升了，接下來想達成社長賦予的目標，為此我有一個非常需要的人，一定要找他進來」，最後社長祕書去了別的部門，而我的那位朋友現在已是公司高層管理人員。

詹教授還強調的另一點，就是模擬。我們在職場生活中會根據自己認為重要的價值行事，有時也會有無能為力的時候。如果那樣做仍無法完成的話，會造成什麼結果？應該那樣做卻做不到的理由是什麼？如果再回到當初會怎麼做？要不時模擬這些狀況深度思考。

這個新的倫理概念叫「表達價值觀」（Giving Voice to Values）。正如其名，為了適用新模式，首先要做的就是**思考職場生活中真正想要守護的價值是什麼**，可能是勇氣、公正和責任感。在樹立自己的價值觀並做好實踐準備的時候，就不會辯解「我只是按照上級指示去做而已」。

女性的職場困境：結婚與育兒

三十多歲的上班族經歷的巨大變化，可說是結婚和育兒，雖然男女都是如此，但現實來說，女性所經歷的變化或障礙更大。為了更深入地理解女性在職場遇到的困難，我在調查相關資料的同時，也採訪了一些人。有第四章出現過的黃又珍代表；在外資企業累積經驗後，目前擔任高階管理人員的A；還有在二十多歲創業，育有二個孩子成為職業婦女，後來經歷了各種困難，放棄了事業，目前從事兼職的B。希望像在序言中所說的那樣，這些案例和各種意見能夠對讀者有幫助。

職業婦女所經歷的困難可以大致劃分為兩種，第一，女性本身在職場遇到的障礙，根據情況會有所不同。在大企業工作的黃代表表示，剛開始進入公司時，經常直接或間接地看到女性被困在「小女孩」的框架下，自己的價值和作用得不到認可。年輕女性進入團隊後，被賦予「溫柔的氛圍製造者」的角色，在重要業務上，男性職員比女性職員優先，黃代表本人或女性同期曾有過因「年齡小」而喪失晉升的經歷。相反地，在外資企業累積資歷的A表示，因為是年輕女性，所以並沒有感受到太大的歧視。B則表示，在二十多歲創業時，由於女性可以得到各種支援金或優惠利率等福利，在創業過程中幾乎沒有因性別而感受到差別待遇。

職場內部女性會受到歧視的原因是什麼呢？我認為有兩種假設。第一，對公司女性人才的認識和政策，最重要的是現實中的差異。例如，曾針對韓國一家女性相關產品公司的五十名管理人員舉行過研討會，令人驚訝的是幾乎找不到女性管理人員。相反地，在外國企業的幹部研討會上，十五名管理人員中，男性只有三名。重要的指標是，比起政策或價值，實際管理層和中間管理層更看出女性和男性的比例。在韓國雜誌社工作超過二十年的妻子，可能因為公司創始人是女性，而且公司實際上也是女性員工較多，所以在職場中沒有經歷過性別歧視。之前A說，在外資企業工作，職場女性人力超過一半，因此女性在一定程度上形成了力量，這一點似乎也產生了影響，我也同意這種分析。

第二，與育兒相關的部分，進行多項調查結果或採訪的三人意見基本一致。與《二〇一九韓國職業婦女報告書》[70]相比較來看，有九五%的職業婦女曾考慮辭職。當然，男性上班族也會考慮辭職，但職業婦女主要考慮辭職的原因還是與子女相關，還有就是在職場受到的不平待遇或工作過重等。黃代表說，雖然結婚對職場生活的影響不大，但隨著女性開始育兒，職業將面臨巨大的危機和矛盾，她在懷第一個孩子那年得到考績最低的困境，想休育嬰假時，還得忍受組長的嘆息和怒視，休息期間還被調到別的組。

A也有過因幼兒的苦惱而休息、辭職的過程。B成為職業婦女後，事業和育兒兩邊都顧不好，最後因對孩子的罪惡感和業務壓力，身心俱疲，不得不放棄事業。根據報告書，職業婦女最煩惱是否該離職的時期，是小孩上小學的時候，必須要到孩子上中學了，才能在沒有周圍人幫忙之下過自己的生活。不管是黃代表或A，都強調另一半應該分擔家務，不過儘管如此，與育兒相關的家務還是以女性為主。

B表示，丈夫要請育嬰假較難，而且只有一～二年其實不夠，育兒從懷孕、分娩開始算起，專心養育一個孩子大概需要十年的時間。她說，與丈夫相比，職業婦女所經歷的人生轉折點很大，而且是非常急劇的變化。A表示，到孩子上小學一、二年級，是最常找媽媽的時期，媽媽們實在很難有自己的時間。三個人都說，身為職業婦女所經歷的支配性情感是反覆的罪惡感。黃代表說：「會因為忙碌無法親自照顧孩子而感到愧疚，但和孩子在一起時既開心卻又想逃跑的矛盾情感，這些綜合起來的罪惡感反覆支配著職業婦女。」

在問到三個人如何克服職業婦女的困難，以及給其他職業婦女的建議時，三個人各有見解，概括綜合起來如下。

黃代表強調，必須與女性同事們緊密聯繫，可以分享苦惱、聽取意見。「分享想法，獲得支持的安全共同體力量」，身為職業婦女不可少的。另外，職場媽媽在育兒和工作之間遇到困難時，一定要和丈夫協調。以黃代表為例，她的丈夫利用一年多的育兒休假減輕了她育兒的負擔，讓她可以在工作上多表現及寫作。

A則提出三點建議，第一，界限的明確性。妻子和丈夫之間分擔家務很重要，在家務上只有一個人奉獻犧牲，長期來看對夫妻關係絕對沒有好處。第二，很多職業婦女因為長時間不能和孩子在一起而感到內疚，這是沒有必要的。如果今天只有一個小時的時間可以和孩子在一起，那麼就完全集中精力和孩子在這一個小時。第三，要主動確保屬於自己的時間。A週末會和丈夫商量，安排一定的時間輪流看孩子，好讓彼此都能度過屬於自己的時間。

B則強調，家庭中夫妻分擔育兒及角色調整很重要，國家體系的支援也是必須的。她實際使用短期照顧和緊急托育的服務，雖然申請時間縮短很多，但如果想延長托育時間，難免需配合老師。除此之外，一般托育對象以嬰幼兒為主，孩子上小學之後除了安親班，根本無處可托，等於說入學前所有照顧主要還是母親。

寫這一章的同時，讓我想到美國社會心理學家，同時也是女性專家桑德拉．貝姆（Sandra Bem），她與任職康乃爾大學社會心理學教授的丈夫達里爾．貝姆（Daryl Bem）結婚後，努力過平等的夫妻生活，並以性別平等的方式養育兩個孩子。桑德拉在她自傳式的著作《非常規家庭》（*An Unconventional Family*）中，描述為了建立一個平等的家庭所做的努力。

孩子在凌晨哭鬧時，由丈夫把孩子抱來讓桑德拉哺乳，然後再由丈夫把孩子抱回床上哄睡。他們會協定好輪值日，當值者必須決定所有關於孩子的事情，另一個人就像爺爺奶奶一樣，想見孩子就見，不想見就不必見。他們會在廚房貼上父母的輪值表，並告訴孩子，如果今天是爸爸值班，有什麼事就去找爸爸。

女性上班族在經歷結婚和育兒的過程中，會經歷很多關於自我開發方面的挑戰。根據《二〇一九韓國職業婦女報告書》，職業婦女現在的生活優先順序是職場↓家庭↓個人，幾乎沒有自己的生活。B在採訪最後還強調「家庭戰爭」的重要性，並建議給自己「每天一小時和一坪的空間」，能夠心無旁騖、只想自己的事就好，「寧可被懷疑母性，也絕不放棄守護自己」，我認為女性上班族要克服結婚或育兒帶來的危機，最重要的是維持與丈夫對等的婚姻生活。如果最親近的丈夫都不支持協助，那麼職業婦女的挫折感會更大。雖然現在整體進展緩慢，但所幸還是一點一點地變化中。

結婚後不需要成為好媳婦、好女婿

我在二〇一六年寫了一本談拒絕的書，開始對性別平等議題產生了興趣。從那以後，周圍有女性朋友結婚時，我一定會在卡片上寫著「不要成為好媳婦」，其實這句話對男性也適用。比起成為好兒子、好女婿，成為好老公才是最重要的。不只女性，男性在結婚之後也會感受到責任加大，因為這樣的現實因素，讓已婚男性更傾向妥協成為穩定的上班族，而非獨立的專業者。例如，在大企業工作想轉職到中小企業的男性上班族，基於家庭和妻兒的壓力，就算有心也無法踏出去開發自己的專業，最後還是留在穩定的大企業中，同時男性也會因為婆媳之間的矛盾而苦惱。

妻子和丈夫同等的婚姻生活（當然，何謂同等的婚姻生活，只有當事人才能定義）並不只是為了妻子，也要為丈夫著想。被迫在夫妻關係中扮演「傳統」角色的男性，能否變成未來指向型的「專業者」呢？面對這個問題我建議將「真實對話」（Authentic Conversation）[71]的三個問題帶入夫妻關係中。這三個問題是關於重要、擔心和狀況的提問。夫妻倆試試互相提出以下問題，彼此坦誠地對談，看看會帶來什麼效果。

- （在我們的婚姻生活以及開發屬於自己的專業中）對你來說最重要的是什麼？
- （在我們的婚姻生活以及開發自己的專業中）你最擔心的是什麼？
- 現在如何看待我們的婚姻生活和自己的專業開發？

在夫妻各自職業成就和婚姻之間產生矛盾時，可以參考社會心理學家伊萊・J・芬克爾（Eli J. Finkel）的建議。[72] 即，夫妻應該儘快分享各自擁有的職業夢想或個人成就的藍圖，雖然也許我的夢想對方並不覺得很理想。例如，我想到海外就業，但另一半覺得在國內上班就很滿足了。芬克爾認為，在強調婚姻生活快樂幸福的基礎模式下，婚姻生活和個人成就並非對立的，幸福的婚姻生活不需要忍耐。相反地，若強調個人，重視自我人生意義的婚姻中，要幸福就需要耐心和寬容，因為婚姻生活與個人成就是對立的。如果結婚的話，你希望與另一半是什麼模式？或許兩個人想的不一樣，所以與對方進行真實對話，看看做什麼努力可有助於彼此取得成就又能兼顧婚姻生活，至少不要成為彼此的絆腳石。

經過真實對話，雙方可以重新調整，這樣的對話比婚禮和蜜月旅行更重要。結婚後，「從此過著幸福快樂的生活」在現實中幾乎不存在。隨著時間流逝和各種狀況（育兒、轉職），夫妻關係中相互期待的東西會越來越少。在有了孩子、負責公司的重要專案，或忙碌的出差、加班行程中，找個時間坐下來談談，重新調整期待值，例如，「生孩子後，短期內我們無法像以前一樣擁有屬於兩人的時間，不能經常談話」，不要只是自己在心裡想像，要對彼此說出口，這樣才能有助於解決婚姻生活中的矛盾。

你可以尋求一些建議，但不要無條件照著其他夫婦的方式，還是要依照自己的狀況。三十多歲的職業婦女李允京在全方位行銷顧問公司「大學明日」工作，還要養育兩個小孩。她與丈夫透過真實對話整理出共同育兒的五個問題，再從中協調出適合彼此的方法。

第一，育兒和家務參與不能只偏重一個人；第二，打造可以充分利用時間進行育兒的環境；第三，確認需要時有人可以幫忙；第四，保持財務穩定；第五，特別注意孩子的健康。李允京表示，作為父母的生活和作為自己的人生也需要均衡。歸根究柢，**育兒不能成為職業婦女一個人的「戰爭」，要與丈夫一同「作戰」，找到適合彼此情況的方法，不能只有一方獨自苦惱**。

從事女性領導能力開發的楊允熙代表，對廣大的女性提出建議：「不要光看螢幕，要擡頭看人」，好好完成自己的工作很重要，但是職場生活是由人際網絡構成。越想往上爬，人際網絡管理就越重要，在工作的同時，也要多與人接觸、對話。宣傳自己的成就，明確表達欲望也很重要，如此才能得到良好的評價和認可。在以男性為中心的工作氛圍中，與其獨自埋頭努力做自己的工作，不如抓住機會展現自己的成就，表達想法和期待，我們都需要能把自己的貢獻和成就，變成自我宣傳的技術。

Side Note 20

自己住VS一起住

在職場生活中，經歷人生巨大的變化常來自於獨自生活或與某人一起生活，有人一開始就決定一個人過，或是原本獨居者到後來決定跟某人一起住，反過來，也有可能從同居變成獨自生活。每個人的狀況不同，有單身主義者、有同居或結婚的人，有人雖然是單身但有室友，也有與同性伴侶一起生活的人，雖然目前在韓國國內還未得到法律認可。那麼職涯和生活形態有什麼關係？

和育兒一樣，與某人一起生活或獨自生活對職涯的影響不一樣。只是一個人住和一起住之間的轉換，是上班族在私人生活領域經歷的巨大變化之一。有人結婚後感受到責任感和安全感都變大的同時，在工作上也會得到更大的發展。

例如雙薪家庭，因為在經濟上較無後顧之憂，其中一人可以去學些什麼或是在工作上進行一些挑戰或冒險。但另一方面，也有人因為「責任感」而被束縛，無法滿足自己的欲望，甚至與另一半生活產生矛盾，對職業生涯造成影響。

針對以上狀況沒有正確解答，但有兩點希望可以想一想：

第一，要思考並確認自己在何種形態的生活中感受最幸福，在幸福中工作的占比也會因人而異。想想我是不是沒思考過自己希望的生活形態，而只是盲目跟隨別人的模式呢？如果覺得自己現在的生活太不幸了，應該考慮調整生活形態，果斷做出選擇。這個選擇可能是與另一半坦誠的對話，也可能是大吵一架。如果會擔心別人的觀感那就再考慮一下，只是你應該要明白怎麼做對自己最好。在這過程中，也要積極尋找周圍有沒有能夠得到幫助的地方。

第二，從上班族變成專業者的過程中，雖然有時會覺得自己現在的生活形態造成阻礙，但是有必要坦誠面對自己，是不是把這個當「藉口」。在寫書的過程中遇到一位上班族非常有責任感，不只展現在同單位的職員和後輩面前，對共同生活的另一半也很有責任感，但當我問他對自己呢？他的回答是根本沒心力想到自己。

想一想，你是不是因為「我結婚了」或「我有孩子」而壓抑住自己內在的欲望，對擴張或開發自己專業性的努力和機會視而不見？

無論走向哪一邊都是自己的選擇，但是希望大家一定要想想，閉上眼睛，仍認為自己目前的生活是最佳形態嗎？或者只是把這樣的形態當作不敢改變的藉口呢？

Thinking 9

創造事業，對我來說的困難點在哪裡？
我是為了滿足其他人而壓抑對自己的期待嗎？
為了越過這道牆，有什麼方法可以找回我自己？

湖：乾杯！看完第九章有什麼感想？

藍：雖然我還沒結婚，不是職業婦女，但這一章對職業婦女的採訪內容很觸動我。「小女孩」這個框架我在二十出頭進入職場時就感受到，實際上我們公司的女主管屈指可數。在我工作的宣傳組中，女性占了一半，但在部長級以上女性人數卻很少。這次我們部門的兩位次長中有一位升部長，所有職員都看好的那位前輩沒有升，反而是另一個人升了。落選的那位前輩是女性。今天真想喝一瓶酒。

湖：是嗎。這種事其實並不罕見，我也常常聽到。在這次採訪職業婦女的過程中我也有很多感觸。

藍：最近讀了關於梅琳達·蓋茲（Melinda Gates）的報導[73]，她在與比爾·蓋茲結婚，生了孩子之後，辭去十年工作而感到後悔，也對由丈夫發展事業、自己回歸家庭的作法抱著悔意。我自己也想過，若要成功，就要「像男人一樣」工作。

湖 我也看過那則報導，那真是我沒有想到的部分。

藍 看了這次升職的結果，我也再次思考到底留在這個公司，是我打造專業最好的選擇嗎？雖然現在還沒有結論，但首先我要找公司內部的女性職員們來談談。前面提到連結很重要，如果得不到改善，那麼應該考慮一下適合我的組織在哪裡。或許當初只是為了在大公司累積經驗才來這裡。這次要以專業者的角度，問問自己這裡是否是我成長的最好環境。為了把這裡變成更好的環境，我要想想可以做些什麼。

湖 好啊，我也會支持你，看看有什麼我可以幫忙的。

藍 謝謝。我的主管不會對員工扔水杯，在開會時也不會大吼大叫真是萬幸。但是過去曾參與過廠商評選，剛好來競標的廠商之一的負責職員是我的朋友。

湖 應該有點尷尬吧，後來怎麼處理？

藍 我向評選小組說明這個事實。在評選那間廠商時我就參與了。我當時有點苦惱，但是以後如果遇到同樣的情況，應該也會做同樣的事情。

第十章 這樣繼續下去好嗎？

「連喘口氣的時間都沒有，如果有一天可以讓我為自己想一想就好了……但到現在已經十年了，完全沒有。」

——三十九歲，上班族

Question 10

湖 寶藍，你好，今天就走這條森林小徑邊走邊談吧。

藍 好啊。我最近很少運動，今天正好走一走。

湖 對啊，慢慢走，不知不覺今天已經來到最後一次指導了。

藍 是啊，時間過得真快。踏入職場好像是昨天的事一樣，沒想到一轉眼已經十年了。

湖 年紀越大似乎越是那樣。今天最後一次討論的主題與時間有關。題目是這個：

我對工作和生活平衡（Work - Life Balance）有自己的解釋嗎？在休息或離開的問題上，我是主導者嗎？

藍 很有共鳴的問題。我也不時會有「這樣繼續忙碌下去好嗎？」的想法，大家總是喊著要工作與生活平衡，但事實上要準時下班根本就很難。

湖 是啊。大家雖然都知道，但卻是找不到明確答案。不要想得太難，先從週末開始想想要做什麼，不管是聽音樂還是看書都好。

「如果給你一年的有薪假期不用工作，你想做什麼？」不是開玩笑，希望你認真思考一下。有人會開車去國內或歐洲、美國進行長途旅行；有人想去短期進修或學料理、木工等技術；有人想到圖書館或鄉下盡情看書；有人想試試自己的才能寫小說或畫畫。

這些不是只能在咖啡館裡分享的白日夢，用英文表現有這樣的說法：「fuck you money」（內含髒話的表述，對此深表歉意。但是為了說明必須原文呈現）對這句話的解釋雖然略有不同，但基本上有三點核心。

第一，自己擁有可以大罵上司或公司一頓之後辭職的錢。第二，在廣義上指的是擁有可以放棄公司，一輩子不工作也能生活的錢。最後是多少有些實際的定義，辭職後可以隨心所欲過一年生活的錢[74]。

現在先考慮錢，想想自己不工作的話到底想做什麼。也許想不到十分鐘，就會產生「一年後是否還能回到原本職場」的擔憂。當然我們也要考慮一下對自己的職業生涯和專業發展的影響。

足球比賽分上、下半場，兩個半場之間有中場休息時間，職場生活在我們的人生當中也分上下半場，也會有中場休息。假設二十五歲開始展開職場生活，預計到五十歲退休，趁中場休息回顧一下上半場我踢得怎麼樣，休息一下再於下半場趁勝追擊或尋求逆轉。中場休息是可以思考戰略的時間，如果休息後幾乎沒有再上場的可能性，那就不是真正的中場休息了。如果過了四十五歲，就很難進行中場休息，因為對於休息後能否再上場的不安感實在太大了。

最近遇到一位上班族，在三十多歲時利用育嬰假與孩子專心共度一年的時光，也讓自己中場休息。另一位四十多歲的上班族則是前往紐西蘭一年，她依然在韓國時間上午九點到中午十二點，透過電子郵件聯繫工作，其餘時間就在紐西蘭的海邊度過。中場休息時間可以有各種型態，全都是在現實中有對自己足夠的「fuck you money」才有可能做到的事。我也需要中場休息嗎？那麼為了有足夠的「fuck you money」，另開一個帳戶如何呢？

我在三十九歲那年辭去原本很好的工作，給自己半年的中場休息時間。我去旅行，生平第一次在海上親眼看到鯨魚。充分的休息，對過去和未來也有很多想法（擔心也不少）。在休息結束後展開自己的事業，白天到大田上課，沒有課的日子或晚上就用來工作，隔了四年才回到完全全職工作的生活。

我建議大家不要因為身體累壞了才想到要休息，要自己意識到需要充電時，就安排一段中場休息時間。在前面提到過要刻意保有屬有自己的時間，中場休息時間也算，因為我們不能一直跑下去，中間休息時，就可以拿出地圖看看跑到哪裡了，接下來要往哪裡去。上班族害怕休息，是因為會擔心自己會落後別人，怕一休息就無法贏過競爭者，這是可以理解的。

但是身為專業者，若以長期的未來為考量，也許中間的休息是理所當然的。休息後可以回到原來的位置，也可以換一個地方。無論休息的形態和時間長短，希望大家記住休息不是選擇，而是必須的。在最後一章中，我想談談停職、退休、轉職等休息和轉換跑道的主題。在那之前先談談關於工作與生活平衡吧。

如何在工作與生活取得平衡？

《辭職後三年，在首爾的店鋪：做自己想做的事幸福嗎？》（暫譯）一書，採訪了七名三十多歲、平均在公司工作七年左右辭職；辭職後已過了三年、自行創業二年左右的事業家。這本書可以看那些離職後展開自己事業的人們，在低谷中經歷的失誤和真實的故事，非常具有實境感。

在書中提到的七間店鋪中，我親自去過四家，我與他們有過相似經歷，都是三十多歲離開公司。見到那些正在做自己想做的事的人，聽了他們的故事，我發現有一個顯著的共同點，就是為了做自己想做的事而冒險的人們，從工作和生活平衡的角度來看，工作時間其實比在公司時更長，而且還不能隨便休假。

以千禧世代的上班族為對象進行的調查結果顯示，所謂好的職場條件第一名是工作與生活平衡，第二名是薪資[75]，可見工作與生活平衡，對新世代的上班族來說比薪資還重要。那麼千禧世代中，那些為了能「做想做的事」而獨立的人們，後來都怎麼發展呢？他們大部分比在公司時錢賺得更少（尤其在剛開始幾年更是如此）、工作量也更多，工作和生活更不平衡。可說上班族最重視的前二個條件，在離開職場獨立後全都無法滿足並且更加惡化，這樣看來算是失敗嗎？

在這裡，我們要進一步了解工作與生活平衡的真實情況。在別人的組織工作時，工作與生活平衡成為重要元素，但當為自己夢想打拼時就不一定了。當然，那些人也想放鬆心情去旅行，但對他們來說，現在工作與生活平衡並不像上班時那麼重要。

工作與生活平衡裡有三個英文單字，分別是工作（work）、生活（life）、平衡（balance）。我們通常會把工作與生活平衡，與減少工時、彈性的工作地點、靈活的上下班時間等制度連結起來。當然，國家實施的勞動法或公司的規定和業務政策等，是追求工作平衡的最基本框架，當組織不遵守這些基本框架時，我們必須努力把問題提出來加以糾正。在這裡，我要談談在這個基本框架下我所看到的「工作與生活平衡」是什麼樣貌。

前面提到過，所謂美好生活，就是知道自己想要的生活是什麼樣子，努力朝著這個方向生活，工作與生活平衡也是一樣的，在這當中最重要的問題是定義「我想要的平衡是什麼？」

從工作與生活平衡這句話中，以自己的脈絡重新解釋什麼是工作、什麼是生活、如何平衡。每個人的解釋都不同，但我個人對工作與生活平衡的解讀如下：

工作與生活平衡＝為了別人，賣自己的時間賺錢（A）與為了自己，所付出的活動時間（B）之間的平衡

在這裡A是我們為了過基本生活而賺錢的工作，而B或許不一定能賺錢，但也有例外狀況，而且平衡不一定是代表各占五十的比例，比例會因為每個人的比重可能不同。現在可以知道，為什麼對同樣是千禧世代，但對走出公司從事自己夢想事業的人來說，工作與生活平衡的重要性並不像上班族那麼高。對於他們來說，A和B的交集會越來越多。如果開始以自己想做的事情賺錢，就會把自己的時間用在別人身上，但同時，這個時間也是我為自己花費的時間，可以從中體會到成長的樂趣。

當我們認為自己只是在做對別人有利的事時，工作與生活平衡的重要性就會提高；而做對自己好的事時，就變得沒那麼在意了。同理可證，如果在公司裡覺得負責的業務，可以給自己帶來能量和樂趣，那對工作與生活平衡也就沒那麼在意。但大部分的上班族會說職場生活是：「沒有Input，只有Output。」也就是說，因為組織一定比較注重創造業績，所以員工很容易失去學習和成長的感覺，因此工作與生活平衡對上班族來

說就變得很重要。

用圖表來表現的話，上圖的說明如下：

- **狀況一**：覺得在職場做的全部工作，都是為了別人，所以出賣自己的時間而賺錢的活動。A是為了自己而花費時間的活動；B是在職場之外，凌晨或晚上、週末進行。
- **狀況二**：A與B的範圍稍微有點重疊，也就是雖然不多，但有一部分是覺得是為了自己而做的活動。
- **狀況三**：這兩個範圍有相當的部分重疊，這種情況下，表示在公司做的工作與為自己帶來樂趣和成長的事情相重疊。為了做自己想做的事，離職創業忙碌工作，同時覺得那是給自己帶來能量，創造自我成長的時間。

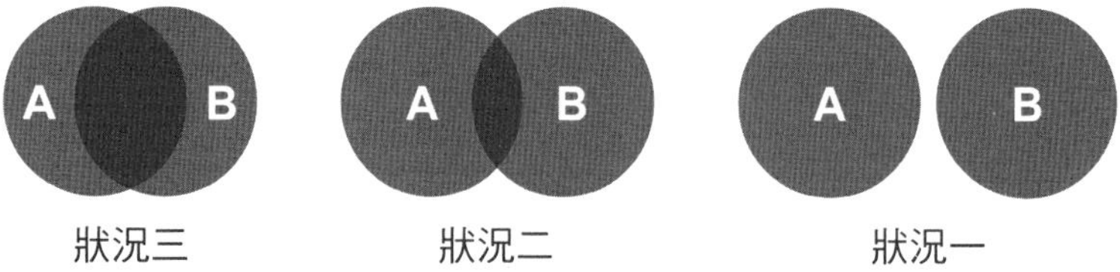

A ＝為了別人，出售我的時間換取金錢
B ＝為了自己，所付出的活動時間

我在二〇〇七年離開公司時，心想「我不要再像以前那樣忙碌生活」，但是現在回頭看，離職之後我過得更忙碌。二〇〇八年開始有七年半的時間唸研究所，前四年是乘坐高鐵往返大田上課、首爾工作，這樣的生活恐怕一般人不會認為是工作與生活平衡。

但那些都是為了我的成長而花費的時間，現在也是一樣，要服務客戶，還要寫書、和讀者見面、和妻子經營部落格、還要抽空做木工。雖然我做很多事、花很多時間，但是這些時間都是為了我自己而非公司。除此之外，因為經營一人公司，能做的有限，所以我不會無條件答應客戶的要求，但我會做真正對客戶有貢獻的事。即使忙於工作，工作與生活平衡對我也不會成為大問題，在這裡有必要說明所謂的「不會成為大問題」，並不是說工作與生活平衡不重要，應該說是我並未感覺到不平衡的影響。

所以身為上班族的你應該問自己，在職場做的工作中，有哪些不是「為別人著想」而是「為我著想」（當然也有助於公司）的問題。

學習說「不」的勇氣

我們再深入一點，工作與生活平衡和這本書究竟有什麼關係？結論是這樣的，從上班族轉變為專業者時，我們可以為改善工作與生活平衡創造更多的空間。這是什麼意思？在職場，我們不斷地被上司交付「額外的」工作，接下來想像一下，李部長（我的上司）開完會回來，對我（千科長）說道。

李部長：千科長，我剛跟常務開完會，這次公司為了節約費用有特別指示，每個單位要派一個人加入特別工作小組，就千科長吧。

我：（面露難色）部長，您上次交辦的事還在進行，現在工作很多。

李部長：這全都是為了千科長著想啊。如果這樣可以與其他部門合作串起連結，這個專案是公司很重視的案子，千科長在公司內的認知度也會上升，這樣不是很好嗎？可以交給你吧？

我：呃……可是……

李部長：都說了是為你好啊。

我：（努力做出不討厭的表情）是，我了解了。我會努力的。

在這種情況下，你可能是對上司追加業務無條件接受的人，也有可能是善於選擇的人，或者是無條件想逃避的人。如果想在個人層面上維持工作與生活平衡，就應該學會說「不」，特別是對比我更有力量的人，要學習該怎麼正確地說出「不」，並且明確知道在什麼時候說「Yes」。我之前介紹的《高績效心智》一書的作者莫頓・韓森建議，要想成為成功的上班族，必須擺脫傳統的勤勉、誠實的模範，從聽上司的話、老實做好交辦的工作，卻導致責任範圍越來越大的惡性循環中跳脫出來。

所謂專業者，是指無論在組織內還是在外獨立，對自己的專業領域都很明確。韓森揭示了成果豐碩的上班族與沒有成果的七大差別，其中造成最強烈差異的是減少自己的工作，取而代之的是幾乎完美地執行額外交辦的工作。如果自己的專業性明確，在職場中得到認可，就會產生各種良性循環：第一，隨著參與自己專業領域項目的機會增加，可以累積與自己專業相關的經驗。第二，上司指使自己從事與專業無關的工作時，有理由拒絕。

這些最後都會為改善工作與生活平衡做出貢獻。韓森建議說，在這種情況下，如果追加做非自己專業領域的工作，可能會導致目前正在進行的專業領域項目成果下降，因此應予以拒絕。但大家都會擔心，如果拒絕上司的要求，會不會不利於今後的評價？如果不改善的話，往後在工作過程中，會導致集中力分散、成果不彰，更別提工作與生活平衡了。越是確立自己的專業性，自己該負責的領域（應該說「是」的部分）和不需要管的領域（應該說「不」的部分）就要越明確。

在自己負責的專業領域項目中，只有取得最好的成果（完美地完成公司不指使或沒有期待的事情），才能更加明確自己的業務界限。「選擇和集中」不是口號，要實際運用到自己的工作上，才能達到工作與生活平衡，唯有這樣做，才會把時間花在自己身上。

在這裡還有一點要提出，在組織內從上班族轉換為專業者的過程中，為了確立自己的專業性，難免會投注心力在對自己成長有益的業務上，會有一段時間離工作與生活平衡越來越遠。專業性要得到認可，自己也必須付出才有可能實現，所以下班後還會在深夜聽線上講座、看書、查資料，做「公司沒有指示」的事，我把它稱為「工作與生活平衡的悖論」，但要成為專業者，為了改善工作與生活平衡，必須經歷一段工作與生活不平衡的時期（但這是一段個人投資時間）。有時候工作時間不是每天八小時，而是超過十二小時，甚至還會花自己的錢（像第二章所說的自費出差），尋求各種機會中磨練個人技能。

如果說工作意味著上班時間，那麼為了我的人生所花費的時間又代表什麼？對某些人來說，是在畫室中專注於美術；或是和朋友或家人一起度過的時間、休息或旅行；甚至也可以是閱讀或欣賞音樂，自我成長學習。如果有了答案，就可以思考我所希望達到的「工作與生活平衡」是什麼樣子。到了職業生涯的某個階段，比起準時下班，在組織內體驗一個好的專案也許更重要，但要度過一段工作與生活不平衡的時期，才能確保真正的工作與生活平衡，雖然很諷刺，但這是現實。

二〇一八年我參加《朴明洙的廣播秀》節目中「職業的細微世界」這個單元，這個單元的參與者都必須通過「朴明洙式的提問」，就是「賺多少？」不只在當時，現在也一樣，我雖然不像朴明洙賺那麼多，但還是回答賺到的錢足夠享受生活。後來我思考過，對於這個問題，真正符合我的答案是什麼。如果我再次被問到「賺多少？」我會這樣回答。

「對於賺多少這個問題，我有二種解釋，一是錢，另一個是時間。錢當然沒有朴明洙賺得多，但我認為在時間上來說，我應該比朴明洙富有多了。我每年有一、二個月的時間去旅行，而實際上賺的錢也足夠我過那樣的生活。」

在我三十多歲時，也是過著每天工作十五個小時的生活，有時在辦公室加班到凌晨五點，也有午夜下班回家、凌晨三點又上班的時候，有一段時間甚至每週六都在工作。

這樣的經驗並不值得提倡，因為所有的時間都不是為了創造自己的專業。如果我們是要為了創造自己的專業，除了朝九晚六的工作，還要有自己的時間和努力投資的時間。以我為例，在三十多歲的時候，創造了可以不依靠組織獨立賺錢的技術，但到四十多歲以後才獲得充足的自由時間（自己可以分配的時間）。

休息是讓自己思考，真正想要的是什麼

「把工作辭了，去旅行一段時間休息一下」，這個想法，上班族應該多少都曾想過吧？每當家成了只是睡覺的「宿舍」，有家庭卻沒有家庭生活，每個疲憊的夜晚對工作

倦怠時，我們就會產生這種欲望，並在網上翻找，愉快地想像自己將去什麼好地方，但不久就會想「要怎麼過活」、「回來之後還找得到工作嗎」，然後嘆一口氣。

別說休息幾年，就連休假幾個月，不，就算只提供有薪休假一週離開工作崗位，有時候也會感到「內疚」。雖然夢想著休息，但終究不能休息，這是因為如果心裡認定休息就是「玩」的話，當然很難。

所謂休息有三個意義：**第一，回顧過去**。年輕時的夢想或專長是什麼，藉此可以思考，職場生活除了賺錢（money maker）以外，對我的人生產生什麼意義（meaning maker）。

第二，與現在的我保持距離。現在我所站的位置在哪裡，是否朝著想去的方向前進，或者檢查一下是不是連方向都沒有，過著繁忙的日常生活。**第三，預見未來**，十年後的我會做什麼？我希望自己那時是什麼狀態？以那時的角度來看現在有何遺憾？有什麼是感覺慶幸的事？想要看到趨勢就要脫離潮流，休息是暫時跳脫出來，以專注觀察過往人生並確定新的方向。

很多人在非出於本意之下，不得不離開組織被迫休息時，才會想到回顧自己的過去、思考現在、擔心渺茫的未來。休息的時機也很重要，三十歲休息一年去進修再回來展開新的開始是可能的，但只要過了四十五歲之後，要休息再重新開始或追求變化就相對比較困難了。為了一年的休息需要做一年的準備，在「勇於冒險」（risk taking）前面，還要加上一個單詞，就是「計算」（Calculated）。沒錯，休息也是需要計算的。

Side Note 21

書唸不好就學個一技之長吧？

「週日、週一公休，週二也公休」，這是位於首爾陽川區的一家木工坊貼的告示，那是在當地經營超過三十年的木匠柳佑相代表所有。我認識他十多年，有很多讓我羨慕的地方，比如說他擁有屬於自己優異的技術，而且在首爾擁有一棟四層樓的建築。木工坊一週有三天公休，他可以與家人共度或屬於自己的時間。他成功的祕訣到底是什麼？

「我不喜歡唸書。」柳代表的故鄉在仁川市江華郡，從小看家鄉父老用木頭造船，所以對木工很熟悉，別人在升學之際，他選擇了自己想做的木工。從小他就對自己想做的和不想做的事很明確。

「設計的事我不懂，那個你們自己畫吧，但是我可以幫你把東西實際製作出來。」身為我的木工老師，他也許不算是藝術家，但只要有草稿或告訴他想法，就什麼都可以製作。我欽佩他的部分是，把自己擅長的和不擅長的事分得很清楚，按照實際的標準生活。

一九九〇年末開始，有許多木工坊都關閉了。因為隨著製造系統家具的公司興起，消費者逐漸不再向木工坊訂購家具、門板、地板等。那時柳代表有了教學的想法，他在二〇〇四年進入德國家具公司設立的木工學校，更進一步學習木工技術和教學方法。從那以後，他把重心放在教學，偶爾做自己想做的東西，在適當的時期，他保持自己的專業技術，同時從木匠轉變為木匠老師。

在這個例子中，上班族可以得到什麼啟示？

1. **在我的人生中真正想做的事情是什麼：**這個很重要。如果習慣於在職場執行指示的生活，就無法明確知道自己真正想發揮才華並願意埋頭苦幹的事情是什麼。回顧從小到大，做什麼時最開心，就能找到答案的線索。

2. **弄清楚我擅長與不擅長的是什麼：**每個人都有自己的才能，即使是微小的領域，也必然具備專業性。在某電視節目中，歌手IU向前輩歌手李孝利提問「姐姐，妳最有自信的是什麼？」想想這個問題你會怎麼回答。

3. **適應新時代潮流並適時改變：**柳代表從製作家具的木匠，擴展到教導學生的老師。他在維持專業性的同時，也隨著趨勢擴張或改善，不是工作強制你進行教育，而是自己主動積極尋找想學習、改變的資源。

小時候很多父母都說：「書唸得不好就去學個一技之長吧」，這也許在二十世紀的韓國社會說得通，但在二十一世紀卻不見得。

想想為什麼很多上班族在四十～五十歲之間離開公司就再也找不到位置，然後把連鎖餐飲業放在第一位，都是因為沒有自己穩固的技術和專業性。唯有在工作期間創造屬於自己的專業，才能將其變成職業，離開職場後也能獨立。柳佑相代表雖然年過花甲，但仍夢想著今後還要進行新的木工事業，過去十年的他令我羨慕，今後也一樣。

離職，面對自己的時間

「我辭職了。」好久不見的A傳來了意外的消息。問他是怎麼回事，他說也不是要跳槽到其他地方，只是覺得很倦怠，想先休息一下。我在辭職之後也休息了半年，因此大概可以體會他的話。「離開工作休息期間做什麼好呢？」他問道。在未決定好去處之前就先遞了辭呈，心裡自然會覺得不安，可能會問自己辭職這個決定到底對不對，但是沒有必要對已經做出的決定感到後悔。相比之下，拋開熟悉、思考如何開闢新的道路更重要不是嗎？

在確定去處後提交辭呈，可以趁休息期間思考下一步工作該如何做好。像A的狀況，還未決定去向，就嚴肅地回顧一下自己的職涯和生活吧。職場生活中留給我的是什麼？以後要填滿的是什麼？我希望這段期間不論是三個月還是六個月，都能成為A與自己面對面的時間。對於一直以來以忙碌和疲憊為由疏忽了面對自己，現在該想想要如何面對？

如何面對離職後的時間？

首先，先照顧好身體和心靈。晚上睡個好覺，白天多動一動，去喜歡的地方走走。好好睡一覺之後在陽光照耀下睜開眼睛，不過比起只待在家裡，到外面活動可能會產生更多想法，因為釋放自己的身體，疲憊的心也會慢慢恢復。精神健康專業醫生兼《現在照顧好身體》（暫譯）的作者文耀漢表示，因為心在身體裡，所以若想照顧好心，首先要照顧好身體。

第二，重溫過去。辭職後或許有點茫然，我希望A經歷的那段混亂其實是尋找新道路的開始。**為了向前看，我們必須向後看**，以前在公司時都忙著處理交辦的工作，所以沒有時間回頭看。回顧一下過去讓你感覺很熱血的工作經歷吧，應該做了很多專案，比起結果，更希望你能回顧一下在過程中讓你享受的部分。如果找出喜歡的原因，就會有助於知道自己的優點和職業欲望是什麼。一邊回想一邊在筆記本上寫下想法，這樣你會更清楚檢視自己（如果不知道該寫什麼，就請使用這本書第一部中的各種工具。6E履歷表、未來履歷、屬於我的十大事件、我人生的歷史等等）。制定一人公司企劃書也不錯，不是要你做生意，而是這個過程可以幫助思考自己的專業是什麼、有什麼優勢等，這對於選擇下一份工作也會有幫助。

第三，如果有一直想嘗試卻沒能做的事情，沒有比現在更好的時機了。你可以進行創作，學樂器、寫文章、畫畫，從這些活動中也能幫助了解自己。和A聊天的過程中，我回想很久以前我辭職後做了什麼，當時我前往加拿大哈利法克斯，參加了關於藏傳佛教和領導力的夏令營。早晚參禪，期間選上一些感興趣的課程，還經常去旅行、走很多路、好好休息，也思著著即將展開的事業。

變化（Change）與變換（Transition）是不一樣的。提交辭呈是外在情況的變化，若想實現心理內在的轉變，就要花時間觀察自己，區分應該拋棄的和應該挽回的。我真心希望A在十年後回顧這一切時，能開朗的說：「當時辭職雖然很不安，但是我找到真正想做的事」，在從變化到變換的過程中，能夠感受到屬於自己的快樂。

離職的時機點？從高峰時離開

曾經是大企業組長的A，最近轉職到某中小企業就職，周圍的人紛紛表示反對，因為他在大企業工作表現一直很好，也得到了上司的認可。

同樣在大企業擔任組長的B，也正準備辭職。一直在財務領域工作的他，正仔細地準備自己的事業，他在未來五年要繼續留在大企業裡工作也不會有任何問題，但是他卻選擇先離開。

這兩個人的選擇都是對的嗎？其實公司和我們的關係就像是「戀愛合約」。從職場立場來看，我的「魅力」已經減弱，或者出現比我「更有魅力」的員工，那麼我也想酷一點瀟灑分手。站在職員的立場，也應該用戀愛合約來界定與公司的關係。

認為「長時間在同一個單位上班是美德」，把自己和公司的關係當作結婚一樣看待的上一代人，現在幾乎已到了結束職場生活的時間，甚至已離開職場的也有。人在結婚前會多談幾次戀愛，找個最合適的人共度一生，這個時代的上班族在「被分手」之前，或是想展開自己的事業之前，也最好多跟幾間公司「交往」。

要離開職場應該考慮什麼？關於離職，我聽過最重要的一句話是「不是從低點，而是要從高點離開」。我們通常在公司工作不順的時候，或者和某人關係不好的時候，就會想離開。但這就好像股票在價格低的時候賣出一樣，當然有時必須從低點離開，那就不是單純換工作，而是對之前所從事的職業產生懷疑，想要徹底改變的時候。

聽到從高點離開的建議可能會產生懷疑，工作順利、績效正好的時候走？有沒有搞錯？我們重新解釋，這意思是當你已經熟悉一件事的時候，可能也代表再也沒有成長或刺激了，那麼是不是該離開去找新的挑戰呢？在開發專業的過程中，熟悉、習慣是警戒訊號，因為這意味著成長停滯。

關於從職場離開的時機，孫恩靜作家（她畢業於工科大學後進入跨國企業，在新加坡和韓國工作，後來轉到大企業工作。現在於法國成立了「Suda F.A.T」的公司，利用花結合藝術和工藝，是一個很獨特的花藝公司。現在正準備另一個新挑戰）建議大家想一想「優化」（optimization）這個詞。如果離開公司到了外面，還是會從事同樣領域的工作，那麼過了五十歲再離開或許也沒關係。但是如果你想做的是與之前完全不同領域的事，那麼在新舊領域之間轉換的最佳分水嶺是什麼時候呢？雖然沒有計算生活優化的公式，但是我們可以思考一下，以自己的標準在哪個時間點轉換才是最優化的選擇。

既然下定決心要離開，就應該好好分手。通常在換工作的時候，我們會更重視新工作，而忽略也要好好「說再見」。在社群媒體泛濫的現在，這是很危險的事，因為在「接受掌聲中」順利離開很重要，結局沒有處理好，會成為將來很大的問題。

A組長雖然得到了大企業的認可，也積累了多種經驗，但還是離開轉到他的專業領域，同時也讓他更有熱情的中小企業擔任主管。我認為這是一記「神來之筆」，他不僅在最高峰時轉職，還能更進一步發揮自己的專業性，雖然是中小企業，但擔任主要管理人員可以參與整體事業企劃和策略，讓他可以有更大的發揮。除此之外，他離開大企業，至少可以延長五~十年再退休，因為對中小企業來說，很難找到像他那樣的人才。

B組長也選擇在工作順利時決定離開，他不像多數上班族一樣急急忙忙尋找下一個出路，而是之前就已經準備一段時間了，當然在現在的工作崗位上做好收尾工作也是準備的一環，現在獨立創業的時刻就要到來。雖然對於他的獨立也有人持反對意見，但比起在緊急、不好的情況下不得不離開，能夠在穩定的狀態下，經過思考及一段時間的準備後再獨立創業相信會有更好的結果。

Ａ和Ｂ組長都是在掌聲中離開，他們的共同點並不是對周圍情況的變化做出無可奈何的被動反應，而是採取主導性的行動，自己開拓自己的世界，所以離開公司這件事，我們必須要掌握主導權。

在工作和專業之間換乘

有兩個人都為了換工作而苦惱。第一位是四十出頭的男性，他想徹底改變領域，我曾經與他一起工作過，當時在發表資料中他加入了很生動的圖畫。這回聽了他的苦惱，我才明白為什麼他畫得那麼好，他原本想唸藝術大學，但當時因為情況不允許，只能放棄夢想，但仍將美術當成興趣持續畫畫。現在他覺得不能再拖了，因為他一直都想朝美術發展，雖然可能晚了點，但他正準備美術大學入學考試。

第二位是四十多歲的女性，不久前她轉到大企業工作，理由是該公司的「高階主管」力薦，讓她可以主導推動自己有興趣的專案。但是在專案進行中途，當初推薦她進來的那位高階主管突然離開公司，於是她的專案也就中止，新上任的主管對她原本的案子完全沒有興趣，而她也對公司失去熱情。因為她不是為了高薪而來，而是因為有想嘗試的案子，現在這項誘因消失，但她才剛跳槽過來不久，現在不得不重新準備轉換。

聽了他們兩人的例子，我重新思考換工作這件事。

首先，兩人都明確知道自己想要什麼，一個人在新工作單位想做的項目很明確；另一個人雖然花了很長時間，但也很明白自己無法放棄真正喜歡的美術。在職場和專業方面，都明確知道自己想要什麼，就等於確定了「是繼續下去還是要轉換」的基準。

有些上班族可能不希望這種基準太明確，因為不想離開每月按時發薪的穩定工作。當然，對於很多上班族來說，有固定收入是工作中最重要的事，但就算沒打算換工作，也可以問問自己萬一特別想做某個工作或離職的可能原因會是什麼。

第二，一切的重點都在時機。什麼時候從工作這輛車「換乘」到專業這輛車上才好？我聽完兩人的故事後想到的是，換工作和專業可說是人生中少數重大決定之一，所以不必操之過急。但如果現在的工作或專業不符合自己的目標或原則，就沒必要再拖延了。

在結束這一章之際，我又與另一位考慮跳槽的朋友對談，他不斷問自己「現在這樣生活是對的嗎？」他們三人考量的都不是要薪資更好的工作或專業，而是思考什麼才是自己在工作和生活中真正想要的東西。看到他們苦惱的過程覺得不捨，但另一方面也覺得他們能這樣思考是非常健康的事。在這個過程中，能不能賺更多不是重點，重要的是什麼才是對自己有意義的。

我們有時換公司、有時轉換領域，理由可能是錢、一起工作的人、個性問題或是有想做的案子。每個人的標準不同，也只能依照各自的情況做選擇。但是在思考轉換的過程中，有人會逐漸明確地知道自己想要什麼，也有人永遠都想不透。

Side Note 22

四十歲，在職場準備未來最後十年

上班族到了四十歲有兩種意味，一是大概平均還有十年的時間可以拿薪水過日子；另一方面，也是還有十年的時間可以創造讓自己獨立的技能。對上班族來說，四十歲是擁有固定收入，同時為未來做準備的最後十年。

從二十歲到三十多歲，一直在玉米澱粉企業和拉麵公司工作的金賢圭代表，到了四十歲離開公司，用一臺機器，在忠清南道唐津和十多名司機一起開了麵條工廠。當時是一九八七年，政策限制大企業不能經營麵條事業，但隨著歲月的流逝，麵條事業變得越來越困難。最終唐津的工廠停工，金賢圭在二〇〇六年，接近六十歲時回到故鄉慶尚南道居昌，又用一臺機器設立麵條工廠。這次他只有一個人，一切都要自己來真的很不容易。他的麵條要在陽光下曬乾，若下雨就什麼都做不了，就算勉強做麵條也幾乎都爛了，損失慘重。

抱著「不做不知道，要親自試一試才知道」的想法，他以在澱粉公司工作的經驗到處打聽，查找資料，努力改良麵條。他也注意市場趨勢，發現飲食生活的主力正從米食變成麵食，但在吃麵時較難像吃飯一樣會搭配其他料理，因此要克服營養問題。在製作麵條的過程中，他把平常當小菜吃的泡菜、韭菜、甜南瓜、洋蔥等磨碎後加入進去，添加礦物質和膳食纖維，製作更健康的麵條，他堅持不懈地進行了實驗。到了二〇一四年，他對自己的產品有了信心，但依然只是在地區販售的低價產品。

二〇一六年，女兒金尚希在四十歲時辭掉工作，投身家中麵條事業。她把父親做的麵條分送給同事和朋友吃，結果大受好評，還建議不要只在居昌販售，甚至有朋友要幫忙介紹生意。喜歡電影、寫文章的金尚希找專家合作，為父親做的麵條打上「居昌麵」的品牌，並尋找新的流通管道，擔任攝影記者的丈夫也有幫忙，「居昌麵」蛻變成高級麵條。

原本周圍的人對向來在地區賣的麵條擴大品牌化並不看好，以為他們很快就會放棄，但沒想到現在成為家家戶戶必備的麵條。現在工廠仍留著那臺機器，並堅持將蔬菜水果磨碎後加入原料中製成麵條，在陽光下曬乾。現在七十多歲的父親想到今後還要再開發多種麵條，感到非常興奮。

從這個故事中我得到一些啟示：

1. **要有屬於自己的技術：**如果不能在四十多歲時創造這種技術的跳板，那麼離開工作崗位後就很難打下事業基礎。

2. **光靠技術也能生存：**尋找可以互補合作的專家改良產品及打開通路。我用電話採訪了金賢圭代表，他強調雖然在農村種水果的人很多，但是根據城市消費者口味進行加工和品牌化，利用網路行銷，創造新的流通方式卻是年輕人較為擅長，因此與年輕一代合作是必要的。

這個時代的孩子，比父母那個時代競爭更激烈，但是隨著技術的快速變化和發展，年輕一輩也更加聰明。在身邊找找年紀比我小的老師，持續向後輩學習，接受世界的變化、挑戰新的東西。金代表也表示，如果沒有女兒的技術和年輕的眼光，自己也完全沒想到會有像現在這樣驚人的變化。

離開公司也有辦法活下去

「三十八歲那年，有一天在公司工作到一半暈倒了」，這是職涯諮詢顧問柳在京代表經歷的故事。她在九〇年代末期畢業，剛開始就業有些困難，但後來還是進入某中小企業工作，結婚之後就離職了。後來又進入一間行銷公司工作，輾轉到了一家外商製藥公司宣傳部，對營業很有興趣的她申請轉調營業部，利用在宣傳上學到的技術使得業績表現很好。

三十五歲時有個機會升為企劃部門組長，她一直表現很好，來到一個新的領域，她擔心會做得不好而給自己很大的壓力。回到家中還要扮演兩個孩子母親的角色，身心俱疲，壓力達到了極致。當時她體內就像裝有不定時炸彈一樣，自己也覺得非常危險，雖然想尋求諮詢來調節壓力，休息一個月去學網球和旅行，但回到工作崗位一切又回到原點，最後病倒的她辭去了工作。

但她也沒花太長時間，就認清了自己不適合當全職主婦，於是她到獵才公司工作，累積職業諮詢和面試等專業後獨立。獨立第一年收入並不理想，但從第二年開始就穩定增加，現在她還在攻讀博士課程，正在準備有關女性領導能力的論文。她以自己身為女性擔任組長時經歷的失敗中得到靈感，正在進行為女性領導人準備的企劃。

當被問及對三十多歲女性上班族有什麼建議時，柳代表說出了三點。

1. **用精神力量無法支撐體力：**她表示有健康的身體才會散發出良好的精神力，精神力下降是因為體力不支。吃營養的東西、透過運動增強體力，才能有自信在工作上積極表現，待人也會更寬容。她在二〇一六年還獲得了生活體育指導師資格，一直都堅持運動。

2. **做好職涯規劃：**三十五歲之後會想在公司有個成果，或是決定離開公司做自己想做的事，因此要做好職業規劃。三十五歲的話，出社會工作大概有十年資歷了，對於自己今後要走什麼樣的路多少有自己的判斷，如果有必要，也可以找獵才公司或職涯顧問。

3. **找到能夠提供工作和生活意見的導師：**工作的時候，有時會覺得自己做不到，自信心也會下降。這時需要周圍人的支持。柳代表的丈夫就是她最好的導師。

那天跟柳代表聊了一個多小時，最觸動我心的就是「公司外面不是地獄」，就算離開公司也還是有辦法活下去，只是有兩點叮嚀，離開公司收入會變得不穩定，所以要比以前更節省消費；另外就是在工作期間，必須累積一定的競爭力再離開比較好。

不要相信多數的選擇，要信任自己的選擇

活得越久，我們逐漸變得不知道自己有哪些選擇。其實我們有金錢和時間的選擇，一是擁有更寬敞的房子和更高級的汽車，可以享用昂貴美食的金錢；另一個是我可以自由做想做的事的時間。但選擇權也會給我們帶來兩難的狀況，因為要想擴大時間自由，薪資必然會減少，但是很多上班族並未考慮就選擇過著年薪更高、職務更重的生活。

在主持姜義模作家的《謝謝，我人生的轉折點》新書發表會上，我見到了書中介紹的二十五名受訪者，聽了他們的故事、見到他們之後，我發現他們的轉折點就是**從金錢轉移到時間自由的人生**。

讓我介紹一下「凝望照相館」與羅鍾民代表的故事。他曾在全球知名企業擔任營業

部門的專務，還當過外商ＩＴ企業的分公司總經理，職場生活一路順遂，但他卻不覺得幸福，最後還是提交了辭呈，把時間用在平時喜歡攝影上。他偶然發現有些肢體障礙的人們即使想拍照，也因各種差別待遇而無法走進照相館，於是他改變自己經營的照相館的營業方針，為受到差別待遇的身障朋友提供免費拍照的服務。原本以營利事業出發的照相館轉換為非營利，現在與他一起共襄盛舉定期支援的人多達數百人。

另外一位令人印象深刻的人物，是在首爾恩平區經營舊書店的尹成根。一般來說，舊書店的老闆大多是上了年紀的老爺爺，但尹成根是一個擁有資訊專業，曾在ＩＴ公司上班的青年。他從小學就開始光顧的鍾路書店停業讓他受到衝擊，於是他乾脆自己開一間書店，他只賣自己看過也喜歡的舊書。在分享會上，他說：「現在經營舊書店，與以前在職場上班不同的是，原來生活中可以不用說謊。」讓我聽了不禁心頭一震，因為在職場時，為了討好客戶和上司而花語巧語，甚至說謊的往事好像被揭發了的感覺。

他們都為了選擇把時間花在對自己有意義的事物上，而降低金錢在生活中的比重，而他們的共同點就是現在都過著滿意的生活。

但是能製造這種轉折點的上班族只有少數，為什麼呢？從《說服的心理學》中可以看出，人們在自己沒有答案的時候，會觀察周圍、觀察別人的行動，跟隨多數人的選擇。因此我們會認為應該去看一看「千萬人次觀看過」的電影，或「百萬銷售量」的書籍。但是這一法則也有副作用，大學畢業，進入職場，升職加薪，在五十歲離開公司，用退休金生活，這是大部分上班族的一生，自己不去找尋答案就跟著多數人的模式走。

如果你對這樣的生活感到滿意，那就無話可說，但我們必須思考，在生活中失去自己該有的選擇權，不也是失去了做自己想做的事、發揮自我的機會嗎？姜作家在採訪那些人之後感慨，那些人的共同點比起相對的價值，更注重自己的絕對價值。

在認真工作的同時，仍有懷疑不確定自己到底在做什麼的話，就看看自己有哪些籌碼。有什麼是真的很喜歡，賺少一點沒關係，但能長期樂在其中享受的事？就像姜作家另一本書的書名，「對任何人來說，人生都是開放的結局。」

Side Note 23 從科技公司職員到木匠

「我應該早點這麼做的」，美國紐約州的家具製造商兼木匠的丹．巴賓（Dean Babin）這麼說道。他在大學畢業後在紐約娛樂和科技領域工作了十四年之後，過了三十五歲轉換跑道，而我在美國緬因州的家具工藝學校 CFC（Center for Furmiture Craftsmanship）跟他一起上過課。步入四十歲的他看起來非常幸福，與韓國的妻子即將慶祝結婚紀念日，雖然比起以前在公司上班的收入少，但在木工領域的成就也讓他獲得贊助金，即將舉辦個人展示會。我覺得他的經驗對擔心職業轉換的上班族有幫助，所以一起在圖書館對談。

在紐約一家技術公司工作穩定的他，為什麼會轉換職業呢？超過十年的職場生活，他從未對工作有熱情，反而感到悶悶不樂。看到一輩子在大企業財務部門工作、退休的父親，他也感受不到幸福，心想著如果自己也一直工作到六十歲退休，再回頭來看一定會後悔不已。

他想做點不一樣的事，雖然有幾個想法，卻仍未找到真正好的答案。當時他的同事也是現在的妻子對他說：「你不是一有空就喜歡自己做點什麼東西嗎？」讓他重新思考（在第四章中說的，有時別人看得比我們自己還清楚），他小時候喜歡玩樂高，長大之後喜歡用木頭做東西，而且一直持續。於是他有了靈感，先去 CFC 上了兩週的木工基礎課，他想試試自己若當木匠有多少能耐。後來越來越有興趣，他想去上為期九個月的正規課程，但那樣就必須辭職。

一生在穩定職場工作的父親和叔叔反對，但母親和妻子十分支持。他找了十個上過課的人，聽取他們的經驗。因為他認為那些已經走過的人們會對他有幫助，雖然擔心穩定的收入消失，但至少會擁有實實在在的木工技術，如果失敗，他就重返企業，於是他決定開始冒險。

巴賓設計並製造家具的這五年，付出的努力是過去從來沒有過的（正如前面所見，做自己喜歡的事情時，工作和生活平衡不是什麼大問題）。工作真的很有趣，因為能充分發揮自己的專長，過去在企業，接受上司的命令被動地工作，但現在可以主導項目，自己計劃自己的時間，他感到很高興。如果按照現在的趨勢發展下去，幾年內收入就能達到以前上班時的水準了。

最近，有個苦惱如何轉換專業的上班族來找我談，雖然他堅定地認為現在的工作與自己不合，打算不久後離開公司，但他很苦惱之後要做什麼。我向巴賓尋求建議，他認為先找一些過來人談談會很有幫助。此外，他還推薦在上班期間可以設計一些情境進行調查，另外可以先參加一些短期課程充實自己。

巴賓的妻子也正準備轉換專業，喜歡傾聽和幫助別人的妻子，打算從科技領域轉換為心理諮詢師，目前正在上課。巴賓在離開公司去木工學校的時候，很多的同事向他透露在企業工作不符合自己的個性，也想轉換跑道，讓他覺得很意外。

作家馬克希．麥考伊（Maxie McCoy）強調，因迷路感到茫然是非常自然的現象，但這是在生活中發現正確道路的過程。[76] 也就是說，只有迷路，才能找到新的道路。

巴賓認為沒能早一點轉換專業很可惜，離開穩定的工作，是擁抱失敗可能性的冒險。巴賓說：「所以早一點失敗很重要。」

我人生特別的時刻就是今天

在電影《尋找新方向》（*Sideways*）中，有一幕是在餐廳工作的瑪雅和默默無聞的小說家邁爾斯談到紅酒。邁爾斯有一瓶一九六一年產的珍貴葡萄酒 Cheval Blanc，瑪雅問他什麼時候喝，邁爾斯表示要等到特別的日子到來才要喝。瑪雅聽了說：「你打開這瓶六一年的 Cheval Blanc 那天就是特別的日子。」

這世上有兩種人，一種人會等著某一個特別日子來臨才喝酒；另一種人現在就喝酒，把今天變成特別的日子。接下來聽聽三個不同的故事，看他們屬於哪一種人。

長板好手同時也是網路紅人的高孝珠，原本在人人稱羨的公司上班，為了減輕工作壓力而偶然接觸到長板。她很快就被長板吸引，很愛玩也很會玩，最後她向公司提出辭呈，因為現在她想為自己做一些有趣的事。她說，比起今後在公司可能會經歷的事，她覺得和長板一起體驗更有趣。她到世界各地踏上長板拍攝影片並上傳到社群網站，她的YouTube 訂閱人數已破三十萬人，Instagram 也有五十四萬人追蹤（至二〇二〇年五月）。她現在以世界為舞臺，與品牌合作、拍攝廣告，創造屬於自己的人生。

編舞家 Lia Kim，雖然她在世界大賽上獲得了冠軍，但是在韓國仍窩在黑暗的地下練習室過著艱難的生活。為了尋找新的機會，她參加了電視臺的舞蹈比賽節目，卻在節目中慘敗，但她並未氣餒，仍不斷勤加練習，並把 YouTube 當作自己的新舞臺。現在她經營舞蹈工作室，享受著做自己喜歡的事，過精彩的生活。她的 YouTube 頻道有二千萬訂閱者，她的目標是讓跳舞成為人人都能輕鬆接觸的文化。

JTBC 選秀節目《Super Band》的參賽者 Benji（裴濟旭），從四歲開始學習古典音樂，進入了世界級音樂大學。但他為了嘗試更多樣的音樂，不惜與父母爭吵也要休學，努力爭取各種機會，現在他已經能自由地做自己想做的音樂。

也許有人會對他們提出疑問，為什麼放棄穩定的工作？為什麼不上大學？好不容易進入世界知名的學校為什麼要休學？也許現在覺得很有趣，但以後隨著年齡增長難道不會擔心未來嗎？當然他們自己應該也有這種擔憂。但是上班族就能一直擁有「穩定的工作」嗎？過了四十五歲的上班族應該都覺得很不安吧。

我看了這三個人的故事後，覺得他們是「活在當下，開創新未來」的人。很多時候我們會為了未來而犧牲現在，心想以後再做自己想做的事。但這三人想到的不是「穩定的未來」，而是問「現在我想做什麼」，然後去冒險，雖然不知道這場冒險的結局會如何，就像大多數上班族對於職場生活的盡頭也不知道會是什麼結局一樣。

這三人的故事展現了人生另一段旅程的可能性，他們也期待特別的日子，於是決定不做對自己沒有意義的事。他們活在當下，做對自己特別的事，充實地過每一天。

Thinking 10

休息或離開，我擁有主導權嗎？

藍 在這一章中，我尤其對工作與生活平衡的再構成感觸頗深。

湖 怎麼說呢？

藍 正如阿湖指出的那樣，我本來也認為工作和生活平衡只是單純的準時下班而已。但是，從為工作花的時間和為我自己花的時間來看，我想我可以定義自己的工作與生活平衡。幸好我在公司做的事和我自己想做的事有很多重疊的地方，我覺得不能單純因為準時下班就是工作與生活平衡。我要重新思考一下，留給自己的時間要做什麼，也就是關於下班後和週末的生活。

湖 是啊。我自己以前也像工作狂一樣工作。當時我的顧問要我保持平衡，我記得有一天自豪地對顧問說「從現在開始週末不去辦公室了。」但顧問卻說週末不去辦公室不算什麼，重點是週末想做什麼，不管是聽音樂、休息、看書都好。但那時我只把重點放在不用工作，真是傻。不過後來偶然發現對木工的興趣，而且一直持續至今。

藍 雖然我在職場做的事和我想要的專業一樣，但我並不想長期留在公司。我想下班後去參加有關CSR的研討會、和朋友見面、一個人在家、寫部落格文章等。還有一點，現在看來我不會像阿湖一樣在四十歲左右離開公司。我想趁在公司上班期間多發掘一些感興趣的領域，累積更多經驗，雖說也有可能會換公司。讀這本書之前和之後，我有一點不同，就是我上班的態度，感覺確實不一樣了。以前大多是為了滿足上司和得到認可而努力，現在我想為自己努力。

湖 沒錯。這本書有個一貫的主題，那就是要確定你的專業。不管是學習的方式，想成為什麼樣的領導者，都要經常問自己想要什麼，這樣才能活出自己的樣子。

藍 是的，雖然到現在我還不能很明確地打造自己的專業品牌。但是讀完這本書、和阿湖進行了十次對話後，最大的收穫是比任何時候都能更集中思考我到底想要什麼？過去的我從沒這麼認真想過。剛開始提出問題，不知道該怎麼回答，現在我會慢慢有一些想法，然後把它寫在筆記本上，再回頭看看，找回自己的性格。

湖 聽到妳這麼講真的感到很欣慰。希望其他讀者也能試一試。

藍 話說回來，今天是最後一次對話，太可惜了……

湖 是啊。這本書的對話雖然今天就結束了，但是以後寶藍應該會以專業者的身分來對話吧，我也覺得很有意義。以前也説過，從上班族轉換為專業者的過程需要一段時間，希望妳能享受這個過程，有煩惱或想討論的事情隨時聯繫我。

藍 好。真的很謝謝你。如果説過去十年都是以成熟的上班族生活，那麼以後十年我想以獨立的專業者身分度過。就像阿湖説的，人生的成功不是用工作上的成就來決定。現在視野也不同了，會全面性地關注自己的生活，比起他人的期待，我更能看清自己的欲望。我相信會越來越好。

湖 真是太好了。前面有家叫「里斯本」的書店吧？我們去買本書紀念一下吧。

後記

這本書寫到尾聲時（二〇二〇年一月），看到了以破壞性革新理論聞名的克萊頓．克里斯坦森（一九五二～二〇二〇）的訃告。這本書中引用了他的著作《你要如何衡量你的人生》，也是我從二〇一二年起，每年都會反覆閱讀的書。

他說如果想知道自己的生活會走向何方，與其看我的未來計劃，不如看我目前把時間、金錢、能量等資源分配到哪裡，也就是資源分配問題。很多上班族會犧牲睡眠，把大部分時間都投入到工作當中，連自己的職業欲望是什麼都沒有察覺。很多上班族（在韓國）一定會說：「在韓國工作必然會那樣」，這只有「一部分」是對的，因為公司要求的工作量（或工作以外的事）真的很大。但並非全部都這樣，會做出這種反應有三個可能的理由。

第一，到目前都沒有認真思考過上班族和專業者的區別，因為沒有機會。這也是我寫這本書的原因。

第二，因為身邊大部分的人不是專業者，而是上班族，所以可能無意中就會對自己說「也沒關係，反正大家都一樣」或者「我也沒辦法」自我合理化。

第三，這也是最重要的部分，不知道自己生活中和職業上的欲望，或者連「思考的想法」都沒有，也不知道該怎麼尋找。

讓我們進行現實的計算，先來決定一下我總共能活多久、會工作幾年。假設活到八十歲，上班能獲得相對穩定的收入的時間將占百分之三十五（二十八年）左右（今後還會減少）；但從上班族變成專業者的話，能夠獲得相對穩定收入的時間從三五％提高到五〇％以上。因此不能只把精力放在別人創造的職場上，要花在由我為自己打造的專業性上面，也就是不依靠組織也能賺錢的個人技能。那麼你就該在職場生活中，改變時間和能量的分配，例如為了離開職場後維持生計必須預先儲蓄（用這些儲蓄，剩下的餘生能吃飽穿暖就好了），但是還是應該創造個人技能（專業）之後再離開。

不僅是單純的經濟層面，在享受人生之餘，可以不依靠組織，做自己喜歡的事，且那個價值可以對別人有幫助，還能讓我賺錢。

我很好奇讀這本書的讀者想過什麼樣的生活？你了解自己獨有的個性和才華、價值和能量嗎？還有現在的我是否真的是我希望在生活、工作中呈現的樣子？換句話說，我並非要大家做某種特定的工作，或者不管三七二十一離開現在的公司。我希望上班族在公司一邊工作一邊尋找自己的專業，這才是我想傳達的訊息。

首爾大學心理學教授崔仁哲在《Good Life》一書中，介紹英國政府為測定幸福而提出的問題，最值得注意的問題是「你覺得在人生中做的事情有多少價值？」這是關於人生意義和目的的問題，而尋找自己的專業就是要從自己覺得有價值的工作開始。希望這本書能讓你認真思考自己想要的生活、想要的專業（不是工作），而且對那段旅程（可能無法幾個月，需要好幾年的時間，一邊上班一邊領薪水完成）有所幫助。

這本書是從我在《東亞日報》寫了五年的專欄《金湖給上班族的生存方式》，出版社的高世奎代表和金允京理事看了之後，請我吃飯喝茶，並提議出版開始的，在此要向發現文章的可能性並支持我的兩位表示感謝。起初我以為只要排版後，書就可以出版，但這是個大誤會。專欄文章是各自獨立的，而我想寫的內容需要融入一個大框架，所以原本定好的截稿日又拖了半年，讓自己回歸空白重新整理想傳達的話。

我想說的是在工作期間，從「上班族」轉換為「專業者」的故事，不是以組織的角度來看，而是我要如何尋找自己獨有個性與能力的過程。整理轉換過程所需的要素，確定好分為十個章節，有一部分是重新寫的，一部分是將專欄文章修改調整，彙整後出版。

我之前從事的四項工作為這本書奠定基礎：

第一，從二〇一六年開始的專欄《金湖為上班族的生存方式》。感謝最初邀請我寫專欄的東亞日報次長金裕榮和精心刊登稿件的評論組（現在的組長洪秀龍、記者李恩澤、金成景）。

第二，魃播節目《和崔英雅的書一起玩吧》（崔英雅主播，李俊元製作人、姜義模企劃）七年間每隔週進行一次的單元「金湖的生存節目」。在節目準備過程中讀了很多書，並將想與聽眾分享的想法寫在筆記筆上，對寫這本書有很大的幫助。

第三，二〇一四年一月在《韓民族日報》寫過〈不會因為上班就有了專業〉的專欄文章，同年十二月出版《活得酷一點》第一章職業篇，二〇一六年《改變世界的十五分鐘》中同名演講（第七二二回）。這本書收集了過去五年間許多上班族的事例和資料，並整理了從上班族變成專業者的想法。

最後，是我自己的經驗，二〇〇七年離開公司後經營一人公司，這本書裡處處都包含了在職場時期，以及後來作為專業者生活中的經驗和反省。

在寫這本書的過程中，接觸到很多專業者的事例，是非常重要的資源。有姜赫鎮代表（月刊三十、WorkBetterCompany）、金道業代表（Mustard）、金鳳洙代表（PEAK15）；金賢圭與金相希代表（居昌韓國麵）、金書賢常務（Edelman）、金允載律師（YJ顧問）、羅鍾民代表（凝望照相館）、丹・巴賓、麥可・高登博士、文賢雅博士（首爾大學國際移民暨包容中心研究員）、朴宥美代表（MindFlow）、孫恩靜作家、楊允熙代表（HU 傳播公司）、柳敏英代表（九又四分之三月臺）、柳妍絲代表（Upfly）、柳佑相代表（HAFELE 木工坊木洞分店）、柳載京代表（jackieyou）、尹恩諾（自營業、廚師）、李錫浩專務（SIGONG）、李善雅製作人（SBS 次長）、李龍浩代表（前 Getrag 亞太地區 CEO）、李宥靜（前巴黎羅莎教育訓練經理）、李允靜首席（大學明日經營核心小組）、張宇赫本部長（Enzaim）、全仁洙部長（天然氣安全公社）、鄭美進（自營業者）、Jorma Lehtinen（Notium Ltd）、陳東哲組長（斗山集團）、車美英教授（基礎科學研究院數據科學小組／KAIST電算學部）、Dr. Patricia Gianotti（The Woodland Group）、黃又珍代表（繪本三十七度），在此鄭重向他們表達感謝。

張又振代表（ALT＋）以二十四位、三十世代的上班族為對象，分成三組進行採訪，整理後的結論對這本書的方向有很大的幫助。在此也向參與的上班族朋友們表達感謝，也感謝擔任這本書編輯的朴寶藍編輯的熱情和耐心。不僅是企劃階段，在審稿過程中，還從上班族讀者角度提出了各種想法、建議和鼓勵。

印象最深的事情是企劃過程中和編輯團隊見面時，偶然說出了平語，得到簡潔、對等、坦率的評價，並根據我的提議，在編輯過程中進行互相對話的實驗。我們先用電子郵件溝通，嘗試不要用敬語對談，希望這本書出版後，見了面還是一樣不說敬語也能相談甚歡（我經過幾次實驗發現，即使不說敬語也可以互相尊重）。

雖然書中也有短暫的提到，在美國出差時，有機會去臉書總部，聽取當時在那裡進行研究的車美英教授的故事。車教授表示在臉書留下了深刻的印象，其中之一就是他們如何定義優點和弱點。所謂的優點，不是單純的表現優秀，而是真誠關心別人、有學習的熱情、持續發展等；弱點則是即使有自己擅長的技術也不太想發揮（同樣的意見也出現在馬克斯·巴金漢與艾希莉·古德寫的《關於工作的九大謊言》中）。克里斯汀生曾說過，理解自己的人生目的，是人生最重要的發現，任何經營理論都不值得離開目的。

作為專業者，希望這本書能夠幫助讀者發現一直以來沒有發現的、只屬於自己的優點，並找到想要的生活樣貌。希望在這個職場不再保護我們的時代，都能成功從上班族轉換為專業者。從職業從業人員的變化來看，職場對我們來說不是終點站，而是換乘站。現在上班族的「有效期限」並不長，我們可以改變的時間也縮短了，所以希望大家可以多想想，最好的生活就是過自己想要的生活。而前提是必須知道自己想要什麼，然後朝著這個方向努力（若帶著先暫時往相反方向走，等以後○○的時候再○○這種想法的話，永遠都無法實現）。現在的我正往那個方向走嗎？

給讀者的最後一封指導信

不知不覺這本書來到結尾了，感謝您把分量不少的書讀到了這裡。我自己在寫完後想像了一下，「如果與讀過這本書的讀者面對面坐著，進行從上班族轉換成專業者的對話，會如何進行呢？」在指導對話中提問很重要，所以仔細思考了能對各位有幫助的十個問題。這本書以從上班族成為專業者的十個主題為中心組成，我想製作出十個問題送給各位讀者。

十個問題整理如下，想像讀者會這樣說：「整理出問題是很好，但即使不能和阿湖實際對話，也想看你會說什麼」，所以我又回到最前面，在每章的開始和結尾都寫上了一段指導對話內容。「寶藍」這名字是借用編輯的，其餘都是針對假想情況寫的。

要從上班族轉換為專業者有一些必須要回答的問題，每個章節都是為了回答問題而寫的指導筆記，希望這本書成為大家另一本「筆記」。對於各章中提出的成為專業者需要思考的問題，大家有屬於自己的答案嗎？讀過這本書的人，希望把以下十個問題的答案寫在這本書的空白處或各位的筆記本上。

在回答的過程中，如果遇到不確定的地方，就往前翻看相關章節。本來只想提出十個問題就結束的，沒想到又寫了一堆話。總之，我會為各位讀者所希望的生活和工作加油，這封信和這本書也應該結束了。謝謝。

金湖

上班族轉換為專業者的十個問題

1. 與上班族不同的「專業者」是什麼？
2. 過去兩週有為自己，製造獨處的時間嗎？
3. 在職場生活，做什麼事最有活力並樂在其中？寫出十個事例。
4. 撇除別人想要的，我知道自己對生活和職業真正的欲望嗎？
5. 我想如何結束職場生活？
6. 我有什麼個人技能或專業，是可以不依靠組織就能賺錢的呢？
7. 我是否為了讓專業成長而學習，而非為了戰勝競爭對手？
8. 在職場中一起共事的人們，會記得我是個什麼樣的領導者？
9. 創造專業的困難是什麼？我是否為了滿足別人的期待，而壓抑對自己的期待？
   我能找到越過這道牆的方法嗎？
10. 我對工作與生活平衡有自己的解釋嗎？休息和離開，由我自己主導嗎？

附錄

離開職場之後的我

我是在二〇〇七年離開職場，當時是愛德曼（Edelman）顧問公司的代表，那年的四月十七日集合員工，宣布我不久之後將離開公司。雖然在二〇〇六年底就遞了辭呈，但在與高層商議之後，決定等接替的人選決定了之後再宣布。不久前，我拜託雜誌社記者朋友以採訪的形式回顧我的職場生活，並幫助我整理離職後的心情。發表我辭職消息的那天，我在部落格上寫了這篇文章，出於希望這篇文章對讀者有幫助的考量，稍微再調整一下也放在這本書裡（當時採訪我的雜誌社記者朋友，現在是我的妻子）。

朋友開始採訪的時候對我說：「做出不坦率、顯而易見的回答是沒有意義的，這個採訪不是為了給別人看的，應該誠實回答」。

為什麼要做出改變？到底是「中年危機」還是想「擺脫無聊的生活」？

「到底」這個詞有些牽強。為什麼不能有這種變化呢？「中年危機」按韓國年齡計算，今年四十歲算是中年。但是說實話，我並未把「中年」看得很嚴重，這麼做不是為了逃避中年，反而可以說是還不成熟。

「擺脫無聊的生活」雖然不是正確的理由，但比「中年危機」更接近。事實上，我到三十歲才開始入社會算晚了。十年了，其中八年都是在愛德曼度過的，可以說是我至今職業生涯的全部，但是我沒有在愛德曼度過一生的想法，我周圍的人看起來也沒有。

我當上韓國分公司社長的時候（二〇〇四年）才三十六歲，對我來說是很大的冒險。人們以為當上社長都會說「高興之餘感覺責任重大」，確實當時感覺肩上的擔子真的很重。

社長不是公關做得好就能當的，那是需要對人生有經驗和歷練的職位，在三十六歲時領導一個職員個性鮮明的集團絕非易事。因此從成為社長開始，我就找了在澳大利亞的顧問，接受領導能力方面的指導。

社長的生活與公關公司的AE（Account Executive，廣告或公關公司負責職員的職務）或副社長的人生有很大的差異。例如，在AE時期，我只要滿足客戶端就可以了，但作為總經理，我必須讓愛德曼組織內的專業者滿足客戶端，而不是我自己。

總之，二〇〇二年十二月以副社長身分回到愛德曼，二〇〇四年八月成為社長後，至今四年半的時間裡一直努力工作。二〇〇二年，愛德曼韓國還是全球愛德曼集團中最小的分公司，但是現在已經成長為亞太地區十五個分公司中規模最大的。

然而頂著全球最頂尖顧問公司的韓國分公司社長頭銜、出色的業績，是不是就等於貼上了「成功」的標籤？這我不知道，只是我看自己的時候，並沒有貼上「幸福」的標籤。

我的顧問給我的課題是「平衡」。他說生活中應該有四個平衡：工作、家庭、和朋友一起共度的時光、文化宗教生活與只屬於自己的樂趣，不要過於偏向某一邊，應該均衡享受這四種生活。在那時，工作占了我生活的百分之八十以上。

變化的理由？

做木工這件事大概有百分之十左右的影響。事實上在做木工之前，我所能做的和享受的只有公關，如果有人問我的興趣愛好是什麼，我答不出來。

在木工坊做家具的過程中，讓我知道世界上除了公關之外還有很多有趣的事情，反而對生活想了解更多、也更快樂。從成功的議題過渡到幸福的議題，我認為幸福包含一定程度的成功。

因此「做什麼最幸福？」成了中心問題。有一天接受一家雜誌採訪時，我說：「我想在愛德曼離職之後六個月到一年的時間裡，做一些具有創造性的事」，當時想上烹飪學校，現在是到木工坊做家具。最後，專業性的理由也必不可少，因為有經營部落格，部落格就像是個人媒體，形成輿論及對企業名聲會帶來急劇的變化。

特別是從危機管理的立場來看，今後這種媒體帶來的社會變化也會改變危機管理模式，讓我想進一步研究，但擔任社長一職的同時進行研究並不容易，因此我覺得最好辭去社長職務才能做我想做的研究。另一個是顧問工作，一年至少要進行一百小時以上的指導或訓練，我希望可以變得更專業。

什麼時候是變化的時刻？

所有上班族都茫然地夢想轉職、跳槽或退休，不知道何時才是最好的時機。究竟要如何才能知道現在正是需要變化的時刻呢？

對我來說，變化是意料之中的事情，只是時機問題。二〇〇四年在美國洛杉磯舉行的愛德曼社長會議上，記者出身的丹．吉摩爾（Dan Gillmor）來到現場，他談到公民新聞這個議題，還有維基百科時，我只是把它看成一個有趣的現象。二〇〇六年六月在華盛頓舉行的愛德曼全球社長會議上，我用不完美的英語問嘉賓之一丹．吉摩爾，有關個人媒體和危機管理的關係。

我覺得這個問題對我來說是一個重要的議程，應該集中研究，比起環境的變化，我是否更需要親身體驗到變化的必要性呢？我認為這正是需要離職或轉職的訊號。

因此，二〇〇六年十一月，我對我的老闆、北亞總經理包勃．皮卡德（Bob Pickard）說：「到二〇〇七年六月止，我仍會在這個崗位上努力工作，再離開公司」，在這裡對我最重要的一件事。我在成為社長之前六個月開始，就正式與我的老闆商議各種問題，準備「交接」。

雖然像GE（通用電氣）多年來一直做這種「接班人計劃」（succession planning）。但在像我們這種組織裡六個月是很長的，我覺得這樣很酷。離開公司時，我希望確保一段長一點的時間，讓愛德曼物色更好的繼任者，給組織足夠的時間準備。

所以我在半年前提交辭呈，然後與我的老闆一起努力尋找最優秀的繼任者，而且找到了。找社長並非可以馬上實現的事，我很慶幸在向員工和客戶宣布我要辭職的同時，也公布了有更多經驗且專業的繼任者，我和他一起工作一個月，盡力幫助他。

在社長的頭銜中，最好和最辛苦的地方是什麼？

堪稱公關理論之父的詹姆斯・格魯尼格（James Grunig）教授訪韓，在梨花大學舉辦演講時我特別前往聆聽。在最後問答時間我詢問：「您卓越的理論似乎在向一般企業說明公關的優越性，對告知公關公司優越性的指標的研究或您的意見是什麼？」

當時我想建立一個工作的人也高興，成果也好的公關公司。成為愛德爾的社長時，希望把這個夢想變成事實。

另外，社長的頭銜，再加上是最頂尖的顧問公司經理人，給了我與名人接觸的機會。不單是地位多高的人，而是取得自己成就的人，讓我可以能從他們身上學習，這是我覺得很棒的地方。

至於困難的地方，應該是和同事關係產生質變。我在愛德曼從實習生開始，一路由職員、代理、科長、部長一路成長。當我還是職員時，同事間都會聚在一起罵社長或上司，下班後也會一起聚餐，這讓我非常開心。

但是，一旦成為社長，必然會與職員們產生一定距離。我是評判他們的成就、決定薪資的人，還有誰會對我完全開誠布公呢？我不喜歡這樣，但似乎沒辦法，我好像知道「高處不勝寒」是什麼意思了。

在職員面前開玩笑的時候，如果他們笑了，就以為自己很好笑，那就大錯特錯了。老闆開玩笑的話，一般都會陪笑。當然，對於我說的玩笑，職員們經常坦率地評價我「冷冷清清」，對此我深表感謝。

讓人想回到過去，印象深刻的瞬間是？

我當上社長時最重要的忠告是「不僅是稱讚，更不要迴避職員需要加強的地方，要直接告訴他們」。我天生就是一個不太會說「不」的人，但是身為社長，我開始為公司和職員說「不」，努力直接傳達他們需要改善的地方，也努力聽取我需要改善的地方。

印象最深刻的瞬間是，和職員一起吃午飯時，當談到自己的感受和觀察時，對方會突然淚流滿面地說：「你怎麼知道的……事實上，我為此感到苦惱」，我一邊鼓勵他們改變這一點，一邊感受到了我和職員的真心相通。感覺他現在不是愛德曼的職員，而像我最好的朋友。

還有一點是愛德曼的創辦人丹・愛德曼（Dan Edelman）八十多歲時，還在二〇〇五年到韓國訪問，雖然在抵達前還擔心著他能否順利成行，但最終還是成功來訪，還在兩天內完成年輕人都會感到有壓力的密集行程。

在陪他前往梨花女子大學演講時，丹說早一點出發先去吃午餐到處逛逛，他發現漢堡王，他說那是愛德曼的客戶，就到那裡吃飯吧。一樓沒有座位，只能上二樓，但樓梯的傾斜甚至連年輕人也要小心。

在我的扶助下前往二樓、坐在窗邊吃漢堡，度過二個人的時光。他在一九五〇年代創立了愛德曼公司，至今已超過五十年，看着他講述對公關的熱情，我想這就是真正公關人的樣子，當時我祈禱丹今後能健康幸福地度過餘生（一九二〇年出他，於二〇一三年去世）。

最大的「危機」是什麼？又是如何「管理」？

二〇〇五年末進行的滿意度調查結果出爐，在很多領域，滿意度都低於前一年。內心受到了衝擊，我苦惱該如何克服？當然，因為前一年滿意度居亞太地區首位也是原因之一，但這件事成為我重新回顧經營的契機。另外，在制定向勞動部提交的社內規範的過程中，需要得到職員的同意，但有部分職員不滿，與我之間產生了隔閡。雖然最終只有三人反對，也已過半數同意，但在這一過程中受到了壓力，心情受到影響。

當然有遺憾，覺得「應該可以處理得更好……」，但在「危機」管理的過程中，我重視的是透明性。我試圖如實表明員工的處境和公司所考慮的問題，並努力縮小公司與員工的立場差異。雖然有時會想，為什麼非得由我來做這件事，但現在回想起來，經歷那段過程是很有意義的成就。

以後絕對不會做的事情是？

不平衡的生活？我三十多歲時，百分之八十的時間都花在工作上，這也許帶來工作的成就，但從四十歲之後應該不會再這樣了吧？不過對於當時放那麼多時間在工作上我並不後悔，到目前為止也這樣認為，但我絕對不會把人生押注在「頭銜」上。我相信，如果注重「專業」，頭銜就會隨之而來，金錢也會隨之而來。透過三十歲的經驗，我知道這在現實中是可能的。

參考資料

1. 《必須正視職位才能求職成功》／徐智英／《中央日報 joins》／二〇一九年三月十一日

2. 《轉變之書（四十年增修版）》／早安財經

轉變 transition 與改變 change 不同。深具影響力的知名顧問威廉・布瑞奇（william bridges）整理如下：

「我們經常混用轉變和改變……所謂『改變』指的是移居新都市、跳槽到新工作崗位、孩子的出生、父親的死亡、轉換工作單位、公司合併等，這類的改變是狀況性的。但是『轉變』是心理上的，也就是說轉變並非因為特定事件，而是內在、心理上所產生的新方向設定或對自身的新定義。換句話說，轉變是為了打從心裡接受自己的改變而經歷的過程。」

3. 這是委託 ALT＋張友珍代表，針對三十多歲上班族進行認知調查所得到的調查報告結果。

4. 在作者的著作中《活得酷一點》（暫譯）中八種角色也可以用「八頂帽子」（三十五～三十六頁）表現。

5. 《實現：達成目標的心智科學》（*Succeed: How We can Reach our Goals*）／日出出版

6. 《你要如何衡量你的人生》（*How will you measure your life?*）／天下文化

7. 二〇一八年五月經濟活動人口調查高齡層附加調查結果。「好的成果來自於同事之間經常對話與合作的職場」／林雅英／《京鄉新聞》／二〇一九年一月十四日

8. 「新冠疫情以來最恐懼的存在，你的名字叫『中階管理者』」／朝鮮 .com ／二〇二〇年二月十六日

9. 韓民族／「金湖的自信」／二〇一四年一月十三日

10. 「去年四十～五十多歲壯年層的非自願退休人數達五年來新高」／《韓民族日報》／盧賢雄／二〇二〇年二月十六日
11. 《韓國退職者生存之道》／韓亞金融集團百年幸福研究中心一生金融報告／二〇二〇年五月
12. ALT＋張宥珍代表
13. 彼得・杜拉克這句話收錄在威廉・布瑞奇的《轉變之書》中。
14. 「接受免除（？）教育的公關人們」／金光泰／THE PR／二〇一四年八月十八日
15. 參考陳東哲部長部落格 HRD 4.0 University。https://blog.naver.com/dcjin/221859509537
16. 「金雅里即使如此也幸福」專欄——〈笑能趕走恐懼〉／金雅里／《韓民族 21》第一三〇一期／二〇二〇年二月二十一日
17. 可參考布芮尼・布朗在 TED 網站上的演講影片《召喚勇氣》（The Call to Courage）。同時她也有許多著作。
18. 金琸桓的臉書／二〇一七年八月十六日
19. “Berkshire Hathaway star followed Warren Buffett’s advice: Read 500 pages a day”（by Kathleen Elkins,2018.3.27,CNBC）
20. 《情緒自癒：七種常遇心理傷害與急救對策》（*Emotional First Aid: Healing Rejection, Guilt, Failure, and Other Everyday Hurts*）／橡實文化
21. 二〇一八年生命表／韓國統計廳／二〇一九年十二月四日
22. 如果想更深入地瞭解，非常推薦此英文文章。筆者為腫瘤學家，也是生命倫理者，為賓夕法尼亞大學的副

校長艾齊基爾・J・伊曼紐醫師（Ezekiel J. Emanuel）刊登在《大西洋》雜誌（The Atlantic）／二〇一四年十月號的〈為什麼我只想活到七十五歲〉（Why I hope to die at 75〉。這篇文章也是這也是我簽下「停止延命醫療同意書」的契機。

23. “'You've got to find what you love, 'Jobs says”（Stanford News,2006.6.14）

24. 詳細結果可以在 http://www.teammanageentsystems.com/ 中檢索「Paving career student pathways」。

25. 詳細內容可以參考亞當・格蘭特（Adam Grant）在《今日心理學》（Psychology Today）雜誌中寫的〈Say Goodbye to MBTI, the Fad That Won't Die〉（2013,9,18）〈MBTI, if You Want Me Back, You Need to Change Too〉（2013,9,24）；以及約瑟夫・斯特姆伯格（Joseph Stromberg）與艾絲黛爾・卡斯韋爾（Estelle Caswell）在《Vox.com》寫的〈Why the Myers-Briggs test is totally meaningless〉（2015,10,8）等文章。

26. 《書寫自己的歷史》（自分史の書き方）。本書整理了他在日本立教大學中專門針對五十歲以上才有入學資格的立教熟年大學開設的「現代史中的自我歷史」課程內容。

27. 《丁柚井，說故事》（이야기를 이야기한다）由專業採訪者池昇浩專訪丁柚井作家的內容。

28. 各國的標準及分數可以查詢網站，httys://www.hofstede-insights.com/

29. 《心的社會學》（마음의 사회학，文學村，二〇〇九）。在本書中有兩章先後對勢利主義 Snobbism，不僅從理論上予以審視，還對韓國現實的意義進行說明。

30. 《守護自己的工作法則》（나를 지키며 일하는 법，四季，二〇一七，盧秀京譯）

31. 「How Millennials Want to Work and Live?」, Gallup（2016）

32. 有關馬修・麥康納的故事可參考《The Art of Discovery》（MIMESIS，二〇一七），由傑夫・維斯帕 Jeff Vespa 攝影，羅賓・布朗克 Robin Bronk 編輯

33. 《每天最重要的二小時：神經科學家教你五種有效策略，使心智有高效率表現，聰明完成當日關鍵工作》（*Two Awesome Hours: Science-Based Strategies to Harness Your Best Time and Get Your Most Important Work Done*）／大塊文化

34. 《My own life》（by Oliver Sacks, 2015. 2.19. New York Times）奧利佛・薩克斯於二〇一五年八月三十日過世。這篇文章是他在過世前半年，因預期自己即將不久人世而寫的訃文。

35. 暢銷自我開發書籍《與成功有約：高效能人士的七個習慣》（*The Seven Habits of Highly Effective People*）（天下文化）中，史帝芬・柯維（Stephen R. Covey. 一九三二～二〇一二）所展示的第二個習慣「以終為始」（Begin with the end in mind）。

36. "A Campaign Strategy for Your Career" (by Dorie Clark, Harvard Business Review, 2012.11)

37. 殷志成（音譯）著，黃牛出版，二〇一六年。

38. 可在 Quora.com 中搜索「What is Amazon's approach to product development and product management?」一文。

39. 想進一步了解可參考巴拉巴西的著作《公式：成功的普遍法則》（*The Formula*：*The Universal Laws of Success*）。

40. 可在 YouTube 上搜尋尹鍾信在 Google 的演講「How to Maintain My Self Motivation」（Jongshin Yoon, Talks at Google），內有許多值得上班族思考的觀點。

41. 《心態致勝：全新成功心理學》（*Mindset：The New Psychology of Success*）／天下文化／二〇一九年）
42. 「我成功的祕訣是準時下班與快速失敗」／SBS 新聞專訪／二〇一九年十一月二十一日
43. 臨床心理學家克萊頓・拉夫爾提（J.Clayton Lafferty）博士與組織文化專家羅伯特・庫克（Robert A. Cooke）博士，一九七一年在美國芝加哥設立的 Human Synergistics International 中的研究。
44. Prisoners of the White House, Paradigm Publishers,2013
45. 詳細內容可參考 upfly.me 網站中，free resources 中，搜尋「用線上課程創造公司年薪」。
46. 伊藤穰一、郝傑夫（Jeff Howe）合著《進擊：未來社會的九大生存法則》（*Whiplash：How to Survive Our Faster Future*）（天下文化），《賈伯斯傳》的作者艾薩克森（Walter Isaacson）給予「錯過本書，你將落於時代之後。」的好評。
47. 二〇一六年蔣甲頂下傑森•柯梅利設立的拒絕療法公司並兼任 CEO。
48. 莫頓・韓森（Morten T. Hansen）所著《高績效心智：全新聰明工作學，讓你成為最厲害的 1%》（*Great at Work：How Top Performers Do Less, Work Better, and Achieve More*），由經營學者以對五千名成功的上班族和非成功者的差異進行研究後得出的結果。
49. 「『只是賺錢工具嗎？』韓國上班族的幸福指數落後全球」（金秉洙／聯合新聞／二〇一六年十二月二日）
50. 馬歇爾・葛史密斯《UP 學》（*What Got You Here Won't Get You There*》／李茲文化／二〇一二
51. 這部分截取自《金湖的功夫：成功的 CEO 也有盲區。但誰來幫忙看顧呢？》（金湖，Patricia Gianotti／二〇一七年七月 Issue 1,228 期）

52. 《韓國試管嬰兒之父》（金信英／朝鮮日報／二〇一三年五月十一日）

53. “Dee Hock on Management” (By M. Mitchell Waldrop, fast Company, Oct/Nov Issue, 1996.10.31)

54. 當然，也有人對三百六十度評價工具持悲觀態度。最近的批評是馬克斯・巴金漢（Marcus Buckingham）與艾希利・古德（Ashley Goodall）所著《關於工作的九大謊言》中的第六章〈第六個謊言：人們有正確評價他人的能力〉。按照巴金漢與古德的主張，人們沒有評價他人的能力，但是我在這裡想強調兩點，三百六十度評價有助於理解我在職場中的專業性或態度如何被周圍的人所認知。還有拋開客觀事實或評價與否，人們如何認識自己，就會成 我的現實。就是在評價顧問業界有名的話一樣，「認知即現實」（Perception is reality）。

55. 若對前饋有興趣，可以參考喬・赫希（Joe Hirsch）的著作《*The Feedback Fix*》。

56. 拉姆・查蘭（Ram Charan）、史帝芬・德羅特（Steve Drotter）、詹姆斯・諾埃爾（Jim Noel）合著，《天下雜誌》出版。

57. 這是從心理學家諾曼・邁爾（Norman R.F.Maier）的「Solution Effectiveness=Solution Quality X Solution Acceptance」而來的。（Creating Constructive Cultures : Leading People and Organizations to Effectively Solve Problems and Acbieve Goals by Janet L. Szumal and Robert A. Cooke, Human Synergistics International.）

58. 「Listen with mindfulness」(Daniel Goleman,2019.7.9)
https://www.linkedin.com/pulse/listen-mindfulness-daniel-goleman/

58. 二〇二〇因新冠疫情的影響，我們有相當時間的會議都取消了，但意外地是許多上班族才發現有相當數量的會議其實可以用郵件和電話來處理就行了。

60. 引用記者兼作家的丹尼爾・科伊爾（Daniel Coyle）的著作《高效團隊默默在做的三件事：Google、迪士尼、馬刺隊、海豹部隊都是這樣成功的》（*The Culture Code: The Secrets of Highly Successful Groups*）

61. “How to present a perfect apology”（by Lorie Puhn, CNN.com, 2010.10.22）

62. “Apologies and transformational leadership”（Tucker, S., Turner, N., Barling, J. etal. Journal of Business Ethics 63, 195(2006). http://doi.org/10.1007/s10551-005-3571-0）

63. “Spending Money on Others Promotes Happiness”（by Elizabeth W . Dunn. Lara B. Aknin, Michael I, Norton, Science 21, Mar 2008: Vol. 319, Issue 5870, pp. 1687-1688 DOI:10.1126/science.1150952）

64. “Give a piece of you: Gifts that reflect givers promote closeness”（by Lara B. Aknin, Lauren J. Human, Journal of Experimental Social Psychology 60, 2015, 8-16）

65. “The Presenter’s Paradox”（by Kimberlee Weaver, Stephen M, Garcia, Norbert Schwarz, 2012 Journal of Consumer Research, Vol. 39, October 2012 DOI: 10.1086/664497）

66. 曾與約瑟夫・納波利頓交流過的政治顧問金允才律師，在該文件上註明了之後的事例等詳細的註釋後，翻譯了《政治顧問的忠告》（暫譯）一書。

67. 〈別在上班時嘟嘟囔囔的，這樣做試試看〉／彼得・布雷格曼（Peter Bregman）／《哈佛商業評論》／2018.7-8 月號

68. 《暴政》（聯經出版，二〇一九年）

69. 《正義，不沉默：如何為對的事情站出來，既不違背良心也不怕砸掉飯碗》

（*Giving Voice to Value: How to Speak Your Mind When You Know What's Right*）／商周出版／二〇一四年
70. 《二〇一九韓國職業婦女報告書》／KB 金融控股公司經營研究所
71. 本處引用溝通顧問公司 Conversant 提出的內容
72. 詳細內容可參考伊萊・芬克爾的著作《非成即敗的婚姻：如何經營最幸福的婚姻》（*The All-or-Nothing Marriage: How the Best Marriages Work*）及他在谷歌上的演講「How the best marriages work」（talks at Google, 2017.11.29）
73. 〈厭倦扮演「不是我」的那個人〉／韓民族新聞／二〇二〇年二月二十九日
74. 魯爾夫・杜伯里（Rolf Dobelli）的著作《生活的藝術：52個打造美好人生的思考工具》（*The Art of the Good Life*）中的定義。
75. 〈千禧世代上班族過半數認為「好的職場條件第一名為工作與生活平衡」〉／《金融新聞》；／二〇二〇年一月二日
76. 《You're Not Lost》／TarcherPerigee／二〇一八

＊以上媒體報導的日期都是以該媒體網絡報導的日期為準。

HEART
心|視野　心視野系列 113

離職說明書

직장인에서 직업인으로 : 직장을 넘어 인생에서 성공하기로 결심한 당신에게

作　　者　金湖
譯　　者　馮燕珠
封面設計　張天薪
版型設計　變設計——Ada
內文排版　許貴華
行銷企劃　黃安汝・蔡雨庭
出版一部總編輯　紀欣怡

出 版 者　采實文化事業股份有限公司
業務發行　張世明・林踏欣・林坤蓉・王貞玉
國際版權　鄒欣穎・施維真・王盈潔
印務採購　曾玉霞
會計行政　李韶婉・許俽瑀・張婕莛
法律顧問　第一國際法律事務所　余淑杏律師
電子信箱　acme@acmebook.com.tw
采實官網　www.acmebook.com.tw
采實臉書　www.facebook.com/acmebook01

I S B N　978-626-349-119-9
定　　價　360元
初版一刷　2023年1月
劃撥帳號　50148859
劃撥戶名　采實文化事業股份有限公司
104臺北市中山區南京東路二段95號9樓
電話：(02)2511-9798　傳真：(02)2571-3298

國家圖書館出版品預行編目資料

離職說明書：擺脫萬年社畜心態，培養專業工作者的十項核心力，隨時離職都不怕！/ 金湖著；馮燕珠譯. -- 初版. -- 臺北市：采實文化事業股份有限公司，2023.01
336面；14.8×21公分. --（心視野系列；113）
譯自：직장인에서 직업인으로 : 직장을 넘어 인생에서 성공하기로 결심한 당신에게
ISBN 978-626-349-119-9(平裝)
1.CST: 職場成功法
494.35　　111019567

采實出版集團
ACME PUBLISHING GROUP